OP REIS DOOR RUIMTE EN TIJD

OVER PLANETEN, STERREN, RUIMTESCHEPEN EN TIJDMACHINES

宇宙零距离

星际穿梭之旅

[荷] 霍弗特·席林（Govert Schilling）◎著

赵钰玮◎译　傅煜铭◎审校

人民邮电出版社

北京

图书在版编目（ＣＩＰ）数据

宇宙零距离：星际穿梭之旅 /（荷）霍弗特·席林
（Govert Schilling）著 ；赵钰玮译. -- 北京 ：人民邮
电出版社，2024.7
ISBN 978-7-115-63844-1

Ⅰ. ①宇… Ⅱ. ①霍… ②赵… Ⅲ. ①宇宙－普及读
物 Ⅳ. ①P159-49

中国国家版本馆CIP数据核字(2024)第047440号

内 容 提 要

本书是荷兰著名天文学记者、科普作家霍弗特·席林的新作。他以别开生面的方式，带领青少年读者在时间长河与宇宙空间中穿梭，完成了四场非凡的宇宙奇旅：回到宇宙诞生之初的时间之旅，回顾人类宇宙探索历程的历史之旅，畅游多个重要天体的太阳系之旅和飞往比邻星、黑洞等遥远目的地的星际之旅。在本书中读者将会了解关于宇宙、天体的丰富知识，体验激动人心的探险时刻，见识宇宙中不容错过的奇观，并且对时间和空间这两个概念有更深刻的体会。

◆ 著　　　　[荷]霍弗特·席林（Govert Schilling）

译　　　　赵钰玮

审　校　　傅煜铭

责任编辑　徐嘉莹

责任印制　陈　犇

◆ 人民邮电出版社出版发行　　北京市丰台区成寿寺路 11 号
邮编　100164　　电子邮件　315@ptpress.com.cn
网址　https://www.ptpress.com.cn
中国电影出版社印刷厂印刷

◆ 开本：889×1194　　1/20
印张：4.4　　　　　　　　2024 年 7 月第 1 版
字数：100 千字　　　　　　2024 年 7 月北京第 1 次印刷
著作权合同登记号　图字：01-2022-3463 号

定价：49.80 元
读者服务热线：(010)81055410　印装质量热线：(010)81055316
反盗版热线：(010)81055315
广告经营许可证：京东市监广登字 20170147 号

序 言

　　旅行是让人兴奋的。无论是坐火车或驾车前往其他城市度假，还是坐飞机去到另外一个国家，在旅途中你将会看到许多新鲜事物，拥有新的体验。你总是会带着美丽的故事和回忆回家。

　　最令人兴奋的旅行当数乘坐宇宙飞船的旅行。地球上只有几百人有过这种经历，他们是像安德烈·凯珀斯一样的宇航员（也称航天员）。来自荷兰的安德烈曾经两次到访国际空间站。50 多年前，宇航员就登上过月球。

　　也许你也想成为一名宇航员，或者你只是想环游宇宙满足自己的好奇心。没问题！在这本书中，我将带你踏上太空之旅，前往月球、行星和恒星。

　　当然，这不是真正的旅行，而是一次幻想之旅。我们会拥有一艘奇幻的宇宙飞船——宇宙旅行器，它的优点是不用花钱，也不会使你患上"太空病"。

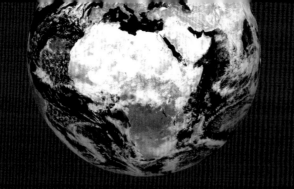

乘上宇宙旅行器，你可以在我们的太阳系中旅行，你可以飞往其他行星，例如火星和土星，甚至可以登上水星和冥王星。乘坐太空巴士的话，你还可以真正深入宇宙，前往恒星、星云和更遥远的星系。

我不仅会带你穿越宇宙，还会带你穿越时空。你可以见到历史上著名的天文学家，他们经常在地球上进行激动人心的旅行。通过时间旅行器——这个神奇的时光机，你可以回到遥远的过去。

在整个旅程中，你会了解许多新知识。这些知识与宇宙的过去和现在有关，与科学家们如何对宇宙进行探索有关，从中你会发现天文学是多么令人兴奋。所以快收拾你的行李箱吧，发射倒计时已经开始了！

注意，别忘了带上你的牙刷！

霍弗特·席林

目 录

历史之旅

太阳系之旅

星际之旅

时 间 之 旅

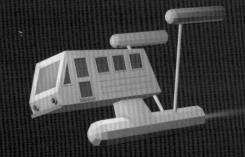

与阿姆斯特朗和奥尔德林一起前往月球

没有人像尼尔·阿姆斯特朗和巴兹·奥尔德林那样经历过如此激动人心的旅行。他们是两名美国宇航员，他们并不是去了地球上某个不为人知的地方，而是去月球旅行了！

人类第一次登月是在 50 多年前的 1969 年。在此之前人们从未登上过月球。这当然是一个大新闻，不过互联网当时还没有投入使用，这个消息出现在电视上，出现在所有报纸上。

火箭

月球离我们很远，有将近 40 万千米的距离。开车去月球的话需要四个多月的时间——当然你不能开车去月球，你需要火箭。阿姆斯特朗和奥尔德林搭乘的是有史以来最大的火箭，它有 100 多米高——和荷兰乌得勒支的大教堂差不多高。

这个火箭的最顶端是阿波罗 11 号宇宙飞船，里面可以坐三个人。除了阿姆斯特朗和奥尔德林，第三名加入的宇航员是迈克尔·科林斯，他是指挥舱驾驶员。

三日飞行

整个太空之旅都事先经过精确的计算。大型火箭的推力使阿波罗 11 号宇宙飞船获得了巨大的速度，这个速度快到它不会落回地球。在这之后就不再需要火箭了，火箭会向下坠落返回地球，但那时飞船已经和火箭断开了连接。经过大约三天的飞行，飞船到达了环绕月球的轨道。

驾驶员科林斯驾驶飞船绕着月球运行，阿姆斯特朗和奥尔德林则进入登月舱。乘着这个被称为"老鹰号"的登月舱，他们离开飞船，降落到了月球表面。

降落到月球前的最后一分钟差点出了问题，因为登月舱的计算机过载，而且燃料也快用完了！幸运的是后来一切都很顺利。1969 年 7 月 20 日，老鹰号成功完成了软着陆。

个人的一小步

阿姆斯特朗是第一个走出登月舱的。当然，他穿着特殊的宇航服（也称航天服），因为月球上没有空气。当他的左脚踏上月球时，他说："这是个人的一小步，却是人类的一大步。"

阿姆斯特朗和奥尔德林在月球上步行了几小时。那是一次非常特别的经历。月球比地球小，它的重力也比较小。你在月球上的体重会是在地球上的六分之一，你会感觉自己像羽毛一样轻。月球还有一点很特别：在高处可以看到地球——这是一个美丽的蓝色星球，有空气、水和生命，比月球漂亮多了。

回家

阿姆斯特朗和奥尔德林驾驶着登月舱返回了飞船，并与科林斯一起在三天后飞回了地球。

人类有史以来最激动人心的旅程就这样结束了。当你在晚上看月亮时，想想阿姆斯特朗和奥尔德林的非凡旅程。你敢自己踏上这样的旅程吗？

一分钟知识

在尼尔·阿姆斯特朗（左）和巴兹·奥尔德林（右）之后，美国又进行了五次载人登月任务，每次都有两名宇航员登月，最后一次是在 1972 年，所以总共有 12 个人曾在月球上行走过。

前往太阳

今天你可以把毛衣和手套留在家里，但不要忘记带防晒霜！我们要飞往太阳去度假。

至关重要的太阳

没有太阳的温度，任何生命都无法生存，也就没有植物、动物，也没有人。如果没有太阳，地球上会是一片漆黑。

太阳非常热，非常明亮，所以它离我们很远是件好事。我们距离太阳大约 1.5 亿千米——是我们与月球间距离的近 400 倍！幸运的是，我们有一艘超快的宇宙旅行器。有了它，我们可以在几小时内飞到太阳附近。

进入太空

起飞后，旅行器很快就会飞出大气层，这是地球的空气层。在大气层之外，你将会处在广阔无际的黑色空间中。旅程开始时，每个人都坐在旅行器的后舷窗附近，在那里你可以看到地球。我们飞得越远，它就越小。你也可以清楚看到地球在缓慢地自转。它的一侧被太阳照亮，那里就是白天；而另一侧是黑暗的，那里就是晚上。在旅行器的驾驶室里，你需要直视前方的太阳，那是我们要去的地方。我们离太阳越近，它就越大越亮。戴上你颜色最深的太阳镜吧！

呼！好热

过了一会儿，温度开始上升。舰长打开了空调，放下了所有舷窗的百叶窗，这至少会凉快一点。

我们飞越了太阳。通过旅行器的大舷窗，你可以看到一团旋涡状的大火。但这不是真正的火，因为没有东西在太阳上燃烧，太阳实际上只是一个非常热的气态大球体，表面足有 6 000 摄氏度。因为气体温度太高了，它会散发出大量的光和热。

100 万个地球

太阳的体积也很大，太阳里可以很轻松地放下 100 万个地球，只是它们全都会熔化蒸发。太阳的内部比外部还要热得多，大约有 1 600 万摄氏度！在那里，气体被剧烈地压缩，以至于气体粒子都被压缩了。压缩的过程会产生新的粒子——更重的原子，并且会释放出大量的光和热。

斑点和火焰

在回家之前，我们飞过了一个大的太阳黑子。那是一个温度比太阳上其他部分低 1 000 多摄氏度的区域，所以这个斑点部分显得很暗。你还可以看到太阳的气体产生的巨大"爆炸"，那就是太阳耀斑。

突然，警报声响起，旅行器的外部变得太热了。

再过一会儿旅行器就要熔化了！现在应该赶紧飞回家了。以后我们还是在地球上远远地看着太阳吧，那样真好。

一分钟知识

太阳其实也有大气层，它的最外层叫作日冕。你可以在日全食期间看到它。在日全食发生的时候，太阳射向地球的光会被月球挡住，那时就可以观察到光晕一般的日冕了。

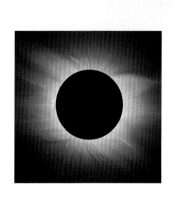

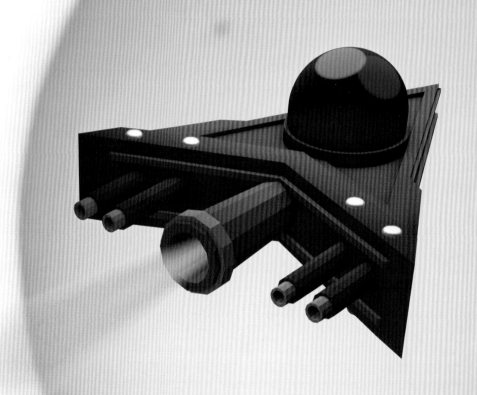

穿越时间

你想看看中世纪的骑士团吗？还是想见见埃及金字塔的建造者？或者你想看看遥远的未来？但我不得不说，时间机器不存在，至少在现实生活中不存在。

时间机器确实存在于书籍和电影中。它们通常是带有闪亮灯光和奇怪噪声的大型设备。进入设备内部，先转动一个大轮盘或者按下几个按钮，然后启程，你就来到了另一个时空：这可能是很久远的过去，也可能是很遥远的未来。

《夜巡》

时间旅行当然很棒。你可以将时间机器的终点设置为1642年，去看看伦勃朗·范赖恩是如何绘制《夜巡》的。或者你可以回到1492年，在哥伦布发现美洲时出现在那里。你也可以选择2100年，然后你就可以去疗养院看望老年的自己了！

但时间旅行也很疯狂。想象一下，如果你真的拜访了伦勃朗，而他正打算画《夜巡》，但你告诉伦勃朗他关于这幅画的构思不怎么样，于是他放弃了。之后你乘着你的时间机器回到现在。这幅名画还会挂在荷兰阿姆斯特丹国立博物馆里吗？历史会不会已经被你偷偷地改变了？

时间旅行魔咒

时间旅行甚至可以变得更加疯狂。想象一下，如果你回到你爸爸妈妈年轻的时候，然后带着你的爸爸去世界的另一边旅行，这样你就能确保他永远不会见到你的妈妈。那么，他们也就不会有孩子。但是这样的话，你又是从哪里来的？

前往未来也会很疯狂。使用时间机器后你可以四处探察明天或下周会发生什么。你可以通过买足球彩票变得非常富有。因为如果你提前知道重要足球比赛的结果，那么你就一定可以中大奖。

时间旅行是不可能的

因此，大多数人认为时间旅行是不可能发生的。你可以幻想它，但建造一台时间机器是根本不可能的。

从来都没有任何来自未来的时间旅行者来拜访我们，所以也许时间机器永远不会真正发明出来，不然的话总会有一些时间旅行者会来我们的时代拜访我们。

黑洞

然而，也有科学家认为时间旅行是可能的。以黑洞为例，黑洞可能是一种通往宇宙中另一个时空的隧道。问题是，你没有办法在跳入黑洞时幸存下来！

目前，你只会在奇幻故事和科幻电影中遇到时间机器。而在这本书中，我们自己研制了特别的"时间旅行器"。借助时间旅行器，我们前往了久远的过去和遥远的未来，并经历了许多令人兴奋的旅程。在书中一切皆有可能！

一分钟
知识

在 100 多年以前，有人写了一本关于时间机器的、非常刺激的奇幻小说。那是在 1895 年，作者是一个名叫赫伯特·威尔斯的英国人。那本书就叫《时间机器》。

与旅行者号一起离开太阳系

Voyager 是"旅行者"的英文，也是很久以前发射的两个探测器的名字。这是一个人们精心挑选的名字，因为没有任何一个航天器像两个旅行者号一样完成了如此漫长的旅程。

旅行者 1 号和旅行者 2 号于 1977 年先后出发。40 多年前，它们以惊人的速度飞入太空：大约每秒 10 千米。以这样的速度，你可以在不到 1 分钟的时间内从荷兰阿姆斯特丹到达法国巴黎！

穿越行星

首先，两个探测器飞过巨大的行星——木星，之后飞过土星。旅行者 2 号还飞近了离地球极为遥远的天王星和海王星。它们确实对太阳系进行了探索。

如果你想给一个航天器加速或者想使它转向另一个方向，通常需要大量的燃料。但旅行者号飞行任务经过了特别规划：它们的太空旅程是事先精确计算好的。木星的引力加快了它们的速度，它们的轨道也因木星引力的作用而略微偏转了，刚刚好变为之后飞向土星的方向。旅行者 2 号随后又使用了两次相同的技巧。这使它能够在不消耗太多燃料的情况下访问四颗行星。

飞向恒星

最终，两个旅行者号探测器以接近每秒 20 千米的速度飞出了太阳系。你可能会认为，以如此惊人的速度将会很快到达下一颗恒星，然而事实令人失望。旅行者 1 号是飞得最远的：它已经行进了超过 200 亿千米。但最近的恒星距我们要远得多，所以它仍然需要一些时间才能抵达。

太阳和地球

如果能和旅行者号一起航行，你会看到什么？应该是没什么能看的，它们现在正在空旷的黑色空间中飞行。或许你可以看到你周围的星星，而在你身后的一颗星星是迄今为止最亮的：我们的太阳。但是当你走得越远，太阳在你眼中就越暗。旅行者 1 号在 1990 年拍摄了一张地球的照片。当时它已经离地球很远了，以至于我们的星球在照片上只是一个很小的蓝点。如果你现在就在旅行者 1 号上，你会看不到地球。

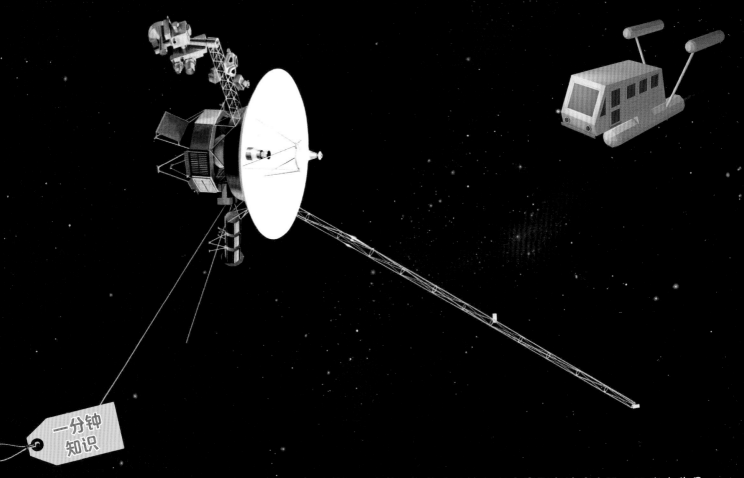

一分钟知识

旅行者 1 号的无线电信号以光速传播：每秒 30 万千米。但是由于旅行者 1 号距离地球太远，无线电信号需要 20 多小时才能到达地球。

耐磨损

以前从未有一个航天器像两个旅行者号一样飞行得这么远。它们的旅程还远未结束。 它们将永远不会返回地球，永远地在太空中飞行。奇怪的是，它们也不会磨损。在我们地球上，一切都会磨损，比如风或者水会带来磨损与侵蚀。看看你的自行车，如果不好好保养，几年后就会完全生锈。但是太空中没有风也没有水，因此旅行者号从现在起到一万年后，看起来都将会和今天一样。或许在遥远未来的某一天，它们会被外星人发现。他们当然想知道这两个大家伙是从哪里来的。旅行者号专门携带了刻有地球信息的声像片，其中包含某种类似于宇宙地图的东西，以及关于地球的图片和声音。

与哥伦布一起前往牙买加

哥伦布是意大利著名的探险家。1492 年他发现了美洲。后来，他又多次前往大西洋彼岸的那个新世界，每次总是带领着几艘船，并且经常会有几十名船员跟随他。

"但是，请相信我……"

1502 年 5 月 9 日，哥伦布开始了他的第四次航行。他带着四艘船离开了西班牙。在加勒比海，他从一个岛航行到另一个岛：先是到马提尼克岛，随后前往瓜德罗普岛，然后前往波多黎各岛和伊斯帕尼奥拉岛。你可以在地图集或网络地图上找到所有这些岛。

滞留在牙买加

经过在中美洲海岸漫长而复杂的绕道后，哥伦布终于抵达了牙买加。那是在 1503 年 6 月，那时他已经旅行了一年多。但在那一年一切都出现了问题：四艘船中有一艘在与印第安人的冲突中被毁，另外三艘严重受损——实际上并不能再用于航行了；不少船员死于各种可怕的疾病，饮用水已经用完，船上也没有食物了。牙买加的印第安人一开始很友好，他们为那些待在巨大木船中的陌生访客带来食物和饮用水。但几个月后，酋长受够了，哥伦布和他的手下被剥夺了水和食物，他们也不被允许下船。

月食

现在怎么办？如果这样继续下去的话，每个人都会饿死。幸运的是，哥伦布有一个绝妙的主意。他有一本厚厚的天文学书，书中指出，1504 年 2 月 29 日将发生月全食。

在月全食期间，地球正好位于太阳和月亮之间。当整个月亮位于地球的阴影中时，月亮会变得很暗并呈现出诡异的红色光芒。由于这种红色，月全食有时被称为血月。

来自神的惩罚

幸运的是，哥伦布学会了一点美洲原住民的语言。他告诉酋长，西班牙人的神很生气。作为警告，神会让月亮变暗，变成血红色。如果食物和水没有马上送来，神将会惩罚印第安人。

酋长起初只觉得好笑。但当月亮真的黯然失色时，他随后变得非常震惊。很快，新鲜的饮用水、坚果、水果还有玉米和肉又被送到了哥伦布手上。过了一会儿，月亮恢复了正常的颜色，显然西班牙人的神不再生气了。

返航

几个月后，哥伦布和他的手下被另一艘西班牙船接走。经过激动人心的旅程，他们终于在 1504 年 7 月回到家。由此可见，旅行时随身携带一本天文学书是多么重要。如果哥伦布没有预测到月全食，他早就在牙买加被饿死了。

一分钟知识

许多人认为，哥伦布是第一个发现地球是球体而不是像个扁平煎饼的人。但这是错的，早在古希腊时代，地球是球体的事实就已为人所知。

前往水星

水星是太阳系中最小的行星。它也是离太阳最近的行星，比地球近得多。因此水星也非常热。

我们到水星的旅程并不长。宇宙旅行器飞得非常快，出发后两小时，我们就抵达了水星。

陨石坑

水星与地球完全不同。这里没有海或大洋，只有陆地。水星也没有大气层，只有极为稀薄的大气。它从不阴天多云，也从不下雨。而且你在水星的任何地方都看不到植物或动物。在这个小星球上绝对不会有任何生命。水星上到处都是陨石坑（标准术语为陨星坑），从宇宙旅行器的窗户望出去像是许多大圆孔。有的直径有数百千米大小，但也有许多小陨石坑。所有的这些圆坑都是很久以前，来自太空的巨石——大型陨石坠落在水星上形成的。

拜这些陨石坑所赐，水星看起来有点像月亮，后者也有很多陨石坑。那为什么地球上没有这么多陨石坑呢？这是因为地壳一直在运动，产生地震和火山爆发等现象。由于这些运动，陨石坑正在缓慢地消失。到目前为止，地球上还有几百个陨石坑存在。

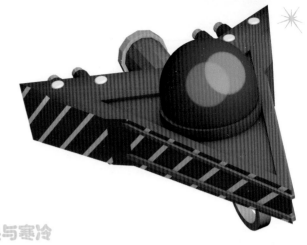

酷热与寒冷

由于离太阳很近，在白天水星上的温度可以高达400多摄氏度。晚上的水星非常寒冷，有零下200摄氏度左右。这样的温差不足为奇，因为水星没有可以保持热量的大气层。

宇宙旅行器的舰长正在寻找降落的地方，一个不太热也不太冷、温度适中的地方。当我们着陆时，我们看到太阳快要落山了。白天的酷热已经消失，而夜晚的寒冷还没有出现。

跳高

走到宇宙旅行器外面，你感觉自己很轻。水星比地球的体积小，质量也更小，因此它的重力较小。如果你在地球上的体重为30千克，那么你在水星上的体重还不到12千克。你可以非常轻松地在这个星球上跳个几米高！

太阳落山后，水星开始迅速降温。在你的头顶上方，你可以看到成千上万的星星。看，高高的天空中，一颗明亮的蓝色星星在闪耀，那就是地球——我们赖以生存的星球。你开始想家了吗？

"我很重吗？
没有的事！"

漆黑的冰

在飞回地球之前，我们将前往水星的南极。那里有一些又大又深的陨石坑。在南极，太阳总是低悬在天空中，低到它永远不会照射到那些深坑的底部。因此，那里总是漆黑一片，寒冷刺骨。因为陨石坑底部有冰，所以你可以在那里滑冰。那里从来没有阳光的照射，所以冰永远不会融化。10万年后，这些冰仍然会存在。

一分钟知识

有时水星正好处于地球和太阳之间。那时，你会看到一个小黑点在太阳前面移动。这个现象（称为水星凌日）在2019年11月11日发生过，下一次发生会在2032年。但要注意，直接目视太阳是非常危险的！在天文台，你可以使用特殊的太阳望远镜安全地观察水星凌日。

前往 1054 年的超新星

看，它来了：我们的时间旅行器。它可以让你穿越到过去或者未来。幸运的是，你还可以随时回到现在——回到我们自己的时代！

它的工作原理非常简单。通过闪烁着灯光的圆形金属门进入机器，在里面你会发现一个大轮盘，你可以使用大轮盘设置要向前或向后移动多少年，然后按下红色按钮出发，时间旅行就开始了。

红色按钮

我们的第一次旅行是前往 1054 年，不到 1 000 年前。有了时间旅行器的话，很快就会到了。你设置好正确的年份了吗？好了的话，那么接下来只需按下红色的按钮！现在，你可以看到灯光在闪烁，还会听到某种鸣笛声。在屏幕上你可以看到时间在倒流：2019、2018、2017……时间倒流得越来越快。过了一会儿，时间开始一闪而过：1950、1900、1800、1500……然后又开始慢了下来。

转向灯熄灭，机器都变得安静下来，我们到达了1054 年。你小心地打开门，外面的气息闻起来和你习惯的很不一样。你看不到任何高塔或公寓楼。1054年还没有这些。这里也没有路灯，所以晚上是漆黑的。

超新星

　　你可能想知道为什么我们选择穿越到这个年份。好的，那就抬头看看吧。天空中有成千上万的星星在闪烁。在所有这些星星中，有一颗非常明亮。你从未见过如此明亮的星星。它发出的光几乎和月亮一样亮。

　　那颗明亮的星星是超新星。超新星是正在爆发的恒星（称超新星爆发）。起初，这颗星星非常不起眼，只是天空中众多亮度微弱的星星之一。但在它生命的尽头，它爆发了。这种爆发非常剧烈，以至于即使在白天外面很亮的时候，你也能看到这颗超新星。请你读一读第 54~55 页有关中子星的信息。

非同凡响

　　这颗超新星于 1054 年 5 月首次被发现。那之后它开始缓慢而稳定地变亮。1054 年 7 月，它达到了亮度的巅峰。几个月后，它仍然清晰可见。天上有这样一颗"新星"当然会非常吸引眼球，使你注意到此时你正在访问 1054 年的地球。这颗超新星是如此明亮，因此晚上你甚至可以在它的亮光下读书。

成为星云

　　古代的中国和朝鲜天文学家一直在密切关注这颗 1054 年的超新星。当时他们不知道这是一颗爆发中的恒星，但他们确实写下了可以看到"新星"的确切位置：金牛座。如果我们用时间旅行器回到我们自己的时代，这时这颗超新星早已暗淡下来了。但是用望远镜观察的话，在超新星爆发的位置你可以看到一片小的星云。那是爆发时被吹入太空的恒星气体。

一分钟知识

　　超新星爆发后，会留下一颗奇怪的小星星，叫中子星。这样的中子星的直径最大为 25 千米，只有太阳直径的差不多六万分之一！然而，中子星比太阳致密得多。而且它的旋转速度也非常快。在 1054 年的超新星爆发期间也形成了一颗中子星，它每秒可以旋转 30 圈！

车站

比邻星

前往比邻星

你见过我们的太空巴士吗？它看起来像一辆普通的公共汽车，但你可以乘着它在宇宙中穿梭。这种巴士的驾驶员是真正的宇航员。他知道宇宙中的方向，所以你不必担心会迷路。

太空巴士会像火箭一样发射出去。对于穿越宇宙的遥远旅程，它必须开得非常快，甚至比光速还要快！太空巴士的仪表盘旁有一个大的黄色控制杆。当驾驶员推动那个控制杆时，太空巴士会按照驾驶员想要的速度行驶。你会瞬间抵达另一颗恒星，甚至抵达另一个星系。

4 光年

我们的第一次太空巴士之旅将会前往比邻星。那是离太阳和地球最近的恒星，与我们之间的距离刚刚超过 4 光年。这意味着来自比邻星的光需要 4 年多的时间才能到达地球。光以难以想象的速度传播——每秒 30 万千米！但是地球距离比邻星大约有 40 万亿千米，对于一束光来说也很遥远。幸运的是，有太空巴士的话，我们半小时就可以到达比邻星。

巨星和矮星

你知道太阳实际上只是一颗恒星吗？这是真的。如果太阳离我们很远，它看起来会像一个小而昏暗的光点，就像其他恒星一样。有些恒星很大，这样的巨星会发出大量的光。有些恒星要小得多，那些是矮星，它们发出的光要弱得多。我们的太阳介于两者之间，太阳是一颗非常普通的恒星。而比邻星是一颗矮星，它的直径大约是太阳的七分之一大，发出的光也比太阳要弱。太阳是黄白色的，而比邻星是橙红色的，它是一颗红矮星。

前往比邻星

在地球上，你无法用肉眼看到比邻星。它发出的光实在是太弱了，你需要用一架望远镜才能看到它。或者你可以到它附近去，然后近距离地观察这颗矮星。

当太空巴士的驾驶员向上推黄色控制杆时，我们以极快的速度在宇宙中穿行。过了一会儿，我们就到达了比邻星。比邻星的红色也让我们周围的一切看起来有点红。因为比邻星没有发出太多的光，所以它也显得有点昏暗。

一分钟知识

比邻星（Proxima Centauri）之所以如此命名，是因为它位于半人马座（Centaurus），可惜从本书作者所在的荷兰永远看不到这个星座（注：北半球只有少部分地区能看到这个星座），而"Proxima"的意思是"邻近"。

行星

比邻星有一颗行星位于宜居带，称为比邻星 b。它绕比邻星运行一圈的时间刚好超过 11 天。这个星球有点像地球。但是没有人知道这个星球上是否有生命。

你还可以透过太空巴士的窗户看到星空。它看起来和地球上的星空差不多，只有一个区别：有一颗明亮的星星在天空中闪耀，那是我们的太阳，它现在距离我们超过 4 光年。你要回来吗？

前往南天星座

你可能对大熊座（注：北斗星所在的星座）很熟悉。在北半球中纬度地区，每一个晴朗的夜晚都可以看到它。但也有一些星座你很难在北半球看到，例如南十字座。想要看到这个星座，你必须前往热带地区，或者直接去地球的南半球。

许多南天星座是由两位荷兰航海家命名的。他们是弗雷德里克·德豪特曼和彼得·凯泽。在 1595 年，他们进行了一次激动人心的环球旅行。

第一次远航

这趟旅程中共有四艘船，248 名船员，目的地是印度尼西亚，当时他们称这个地区为东印度。这是荷兰船只第一次航行到东印度群岛（今天的马来群岛），因此这次远征被称为"第一次远航"。弗雷德里克上船时年仅 24 岁。他的哥哥科内利斯是领队。当时彼得已经 55 岁了，他是大副。四艘船从荷兰的泰瑟尔岛向南航行，穿过比斯开湾，经过加那利群岛，穿过几内亚湾，绕过好望角。他们最终经过马达加斯加和印度到达苏门答腊，然后到达爪哇岛。

疾病与死亡

　　船上几乎没有新鲜水果或蔬菜。结果，许多船员生病了——他们没有摄入足够的维生素。当四艘船于 1596 年抵达爪哇岛时，一半的船员都已经去世了！彼得也没有幸存下来，他于 1596 年 9 月去世。在东印度群岛，四艘船中的一艘遭到了当地居民的袭击，死亡人数众多。1597 年这支远征队伍返回荷兰时，只剩下三艘船和 87 名船员。弗雷德里克和他的哥哥科内利斯幸运地活了下来。

南天星座

　　那之前提到的那些星座呢？在阿姆斯特丹有一位著名的制图师彼得鲁斯·普朗修斯，他曾请大副彼得绘制南天星座的星图。弗雷德里克也曾帮过忙，他们在晚上用特殊仪器测量星星的位置。彼得去世后，弗雷德里克继续完成了这项工作。弗雷德里克和彼得总共测量了 135 颗星星，他们把这些星星分成了 12 组，创造了 12 个在他们所生活的荷兰从未见过的新星座。

新名称

　　弗雷德里克和彼得给这些新星座起了各种漂亮的名字，例如孔雀、天堂鸟、飞鱼和变色龙。1597 年 8 月，"第一次远航"的队伍返回荷兰。弗雷德里克将所有的地图和测量数据带给了彼得鲁斯·普朗修斯。一年后，普朗修斯和他的同事约道库斯·洪迪厄斯制造了一种新的天球仪：那是一种类似地球仪的球体，但仪器上的内容来自星空。

　　普朗修斯和洪迪厄斯制造的新天球仪不仅包含大熊座等众所周知的星座，还包含了 12 个新的星座，这些星座的名称至今仍在使用！但是如果住在北半球的你想看到它们，就得像弗雷德里克和彼得一样进行一次长途旅行。

一分钟
知识

　　弗雷德里克·德豪特曼后来进行了多次长途旅行，其中他到过的地方还包含澳大利亚。他在澳大利亚西海岸发现了许多小岛，这些小岛现在被称为豪特曼群礁。

前往金星

金星是距离太阳第二近的行星。天文学家曾经认为它是一个温暖的适合度假的星球，甚至认为热带植物也许会在金星上生长。但是现在，我们已经确定金星上没有任何东西可以生存。

我们的宇宙旅行器首先绕金星飞行。此时从外部是不能直接看到金星表面的。放眼望去，到处阴云密布。透过旅行器的窗户你只能看到云的外部。

炽热的行星

绕行几圈后，旅行器开始着陆。我们飞过云层，太阳不再可见，天开始有点暗了。你会看到闪电在周围闪烁，而且外面也越来越热了。幸运的是，旅行器有一个厚厚的隔热罩。当我们降落时，警报响起，红灯开始闪烁。旅行器的门会自动锁上，不允许任何人外出。金星的表面太危险了，你是没有办法在金星表面存活下来的！

透过窗户，你将看到一个闪闪发光的世界，像是一个热烘烘的烤箱。金星上的温度近 500 摄氏度！如果你把比萨放在金星的表面，它很快就会燃烧起来。

温室

金星上比水星上更热，但是金星明明离太阳更远。这怎么可能呢？原因就是金星厚厚的大气层。它含有大量的二氧化碳。这种气体保留了太阳的热量，使得金星的表面上更热，就像温室一样。金星厚厚的大气层也比地球大气层重得多。因此，金星上的气压是我们地球上的 90 倍！没有哪种宇航服可以承受这样的环境。

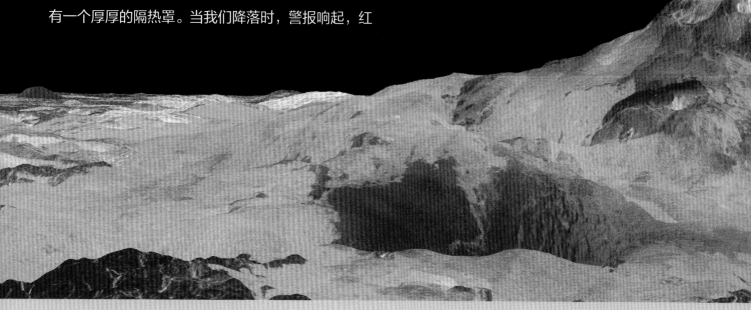

火山

当所有人都拍完照片后，旅行器再次起飞。现在舰长驾驶着旅行器在地平面上方飞得很低。任何地方都看不到河流或湖泊。这并不奇怪，因为高温已经使所有的水都蒸发了。

在远处可以看到高山，其中一座山喷出气体和烟雾，这是一座大火山。液态熔岩顺着火山的斜坡向下流动，所以那里会更热！

突然，旅行器开始右转，舰长必须绕开阵雨区。金星上的雨不是水，而是硫酸，它会腐蚀毁坏一切物体。

爱和美的女神

从地球上看，金星非常美丽和平静。这就是为什么人们会以罗马神话中爱和美的女神的名字"维纳斯"为它命名。但我们现在知道得更多了：金星与爱和美无关，它可以说是太阳系中最危险的行星。

幸运的是，旅行器毫发未损，所有人都松了一口气。看，远处的地球又出现在视线中。与金星相比，地球真的是一个适合度假的星球！

一分钟知识

金星上几乎所有的山脉和陨石坑都被赋予了女性名字。有一个陨石坑叫卡洛，是以墨西哥画家弗里达·卡洛的名字命名的。另一个陨石坑以《安妮日记》的作者安妮·弗朗克的名字命名。还有一个陨石坑叫内杰（Neeltje，是对内莉的昵称），是一个很有年头的荷兰女孩的名字。

"我爸爸总是把比萨烤焦！"

前往恐龙灭绝的时代

一亿年前，地球上没有人类，也没有大象、狮子和长颈鹿。那时，我们的星球看起来非常不同。大陆的形状与现在不同，所处的位置也不一样。而且，那时候地球上的任何地方都比现在温暖得多。

生活在那时的一些动物现在已经不复存在，比如说恐龙。你一般会从书中的图片中了解它们，例如巨大的雷龙，背上的刺又大又宽的剑龙，或者嗜血的霸王龙。

巨大的陨石

现在的世界上不再有恐龙，它们在大约 6 500 万年前已经全部灭绝了。那是因为一颗巨大的陨石撞击了地球。有了时间旅行器，我们可以回到过去，亲眼见证来自外太空的撞击是如何发生的。

我们的旅行器上的年份计数器正在快速倒转，快得你都没法看清年份了。但过了一会儿，鸣笛声停止了，灯光熄灭了。我们已经到达了 6 500 万年前的史前时代。

霸王龙

透过旅行器的窗户，你可以看到外面有许多蕨类植物和热带植物。地面非常潮湿，看起来像沼泽。看，一只好奇的霸王龙向这里走来了。它张大嘴巴，锋利的牙齿在阳光下闪闪发光。还好它不会吃掉旅行器！

幸运的是，我们的旅行器配备有火箭发动机。我们迅速起飞，以免被霸王龙追上。片刻之后，我们以安全的高度飞入环绕地球的轨道。

来自外太空的撞击

停留在地球的轨道上是一件好事，因为远处巨大的陨石即将到达，那是一块直径 10 千米大小的巨石。它以每秒 10 多千米的速度在太空中飞行，而且它马上就要到达地球了！

陨石冲破了大气层并把空气推开，这种力量大到把周围一切树木都吹倒了。然后陨石撞击了地面并发出"砰"的一声巨响，看起来像原子弹爆炸。陨石的

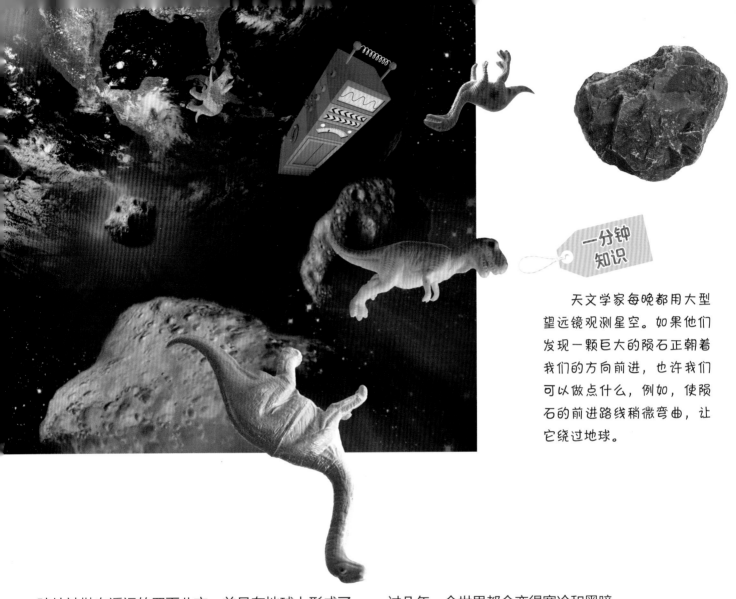

一分钟知识

天文学家每晚都用大型望远镜观测星空。如果他们发现一颗巨大的陨石正朝着我们的方向前进，也许我们可以做点什么，例如，使陨石的前进路线稍微弯曲，让它绕过地球。

碎片被抛向遥远的四面八方，并且在地球上形成了一个新的陨石坑，这个坑有将近 200 千米长。

灭绝

当然，所有生活在撞击地点及附近的动物会全部丧生，但陨石撞击的影响比这还要大得多：大量尘埃进入地球大气层，这些尘埃阻挡了来自太阳的光，再过几年，全世界都会变得寒冷和黑暗。

没有阳光，植物就不能生长，所以地球上没有食物了，各地的恐龙都灭绝了，从中你会了解到来自外太空的撞击的灾难性。尽管如此，我们实际上应该为恐龙灭绝感到高兴。因为如果没有 6 500 万年前的这次巨大撞击，今天的地球上就不会有人类。但希望不会有一颗新的巨大陨石向我们袭来！

前往特拉比斯特1号（TRAPPIST-1）行星系统

今天，太空巴士飞往特拉比斯特1号（TRAPPIST-1）。这是一颗红矮星，和比邻星属于同一类恒星。但是我们到特拉比斯特1号的距离相当于到比邻星距离的10倍：不是4光年，而是约40光年。

迈克尔·吉隆将和我们一起旅行，迈克尔是来自比利时的天文学家。2015年，他在特拉比斯特1号附近发现了三颗行星。几年后，他又发现了四颗行星。所以总共有七颗行星绕着这颗母恒星运行。

七颗行星

迈克尔从未实际见过特拉比斯特1号的行星。他通过一种非常特殊的现象发现了它们：当行星在母恒星前面移动时，它会挡住一些光，之后这颗恒星在几小时内的亮度会比正常情况要微弱一点。

这就是迈克尔发现特拉比斯特1号行星系统中七颗行星的方法。他在智利的一座高山上使用望远镜进行观测时发现了它们。当然，迈克尔现在也想看看这几颗行星真实的样子，这就是为什么他乘上了太空巴士。

在旅途中，迈克尔讲述了他的特殊发现：特拉比斯特 1 号行星系统的七颗行星与地球的大小差不多。在以前，我们从未发现过一个拥有这么多类地行星的完整行星系统。

球状的小行星

太空巴士驾驶员放慢了速度，我们就快到了。透过车窗玻璃我们可以看到特拉比斯特 1 号了，由于现在离得非常近，实际上它在我们眼前显得很亮。但是我们还没能看到行星，那是因为它们非常小。

我们离这颗恒星越来越近了，现在我们可以清楚地看到它，它就像是一个红色的太阳。迈克尔突然喊道："好哇，我看到了一颗行星！"确实，恒星上有一个圆形的黑点，移动得很慢。它就是围绕着恒星运行的七颗行星之一。

现在通过太空巴士的另一侧窗户也可以看到一些行星。它们被特拉比斯特 1 号的光照亮，看起来和遥远的恒星一样，是一个个光点。但如果你仔细观察，你会发现它们是一些球状的小行星。

着陆！

过了一会儿，我们看过了所有七颗行星。迈克尔非常高兴，现在他想在其中一颗行星着陆：不是离母恒星最近的两颗中的一颗，因为那里太热了；也不是在行星系统最外侧的那两颗中的一颗，因为那里很冷；四号行星的位置则恰到好处。

太空巴士降落在行星表面。每个人都穿上自己的宇航服，片刻之后我们就来到了太空巴士外面。这个星球的大小和质量与地球差不多，所以你在这里受到的重力就像在家里受到的一样。而且，它和地球上一样宜人：温度在 20 摄氏度左右。

这里有生命吗？

在远处可以看到高山，高山的背后没准是一片海洋！如果这颗行星上有水，那么也就有可能有生命。但这里到处都看不到植物或动物，也许只有微小的细菌生活在这个星球上。这趟旅程十分辛苦，在返程的路上，迈克尔睡着了，他会梦见什么呢？

一分钟知识

恒星特拉比斯特 1 号（TRAPPIST-1）以迈克尔·吉隆用于发现七颗行星的 TRAPPIST 望远镜命名。该望远镜以比利时的一种特殊啤酒 Trappist 命名。你知道为什么吗？因为迈克尔非常喜欢那种啤酒！

与库克船长一起前往塔希提岛

很久以前，人们并不知道太阳系到底有多大。当然，这并不意外。想一想，你要如何测量从地球到太阳的距离呢？在太空中使用卷尺可是非常困难的。

1716 年，英国天文学家埃德蒙·哈雷想到了一个聪明的方法：有些时候，我们可以看到金星凌日的现象，而金星凌日在美洲开始的时间要比在欧洲的晚一点，如果我们非常准确地测量出了这个时间差，我们就可以计算出地球到太阳的距离。

奋进号

1769 年 6 月 3 日，金星再次凌日。英国海军派出一艘大型帆船前往太平洋观测这一现象，这艘船被称为"奋进号"（也译为"努力号"）。船长是詹姆斯·库克，此前他曾远航到北美洲。奋进号于 1768 年 8 月从普利茅斯启航，途经南美洲南端，驶往太平洋的塔希提岛。在那里，库克船长将与其他几位科学家一起观测金星凌日。

天文台

他们在海滩上的一个帐篷里建了一个小天文台。帐篷里面装着他们随身携带的望远镜。当然，他们也携带了准确的时钟。

幸运的是，1769 年 6 月 3 日当天的天气非常好，

万里无云。但是要准确测量金星凌日的开始时间和结束时间并不容易。由于大气的抖动，望远镜中的图像并不十分清晰。

未知的南方大陆

观测金星凌日后，库克船长和他的船员并没有立即返航，他们继续向南航行，因为古老的故事中说，那里有一块巨大的未知大陆：南方大陆。几个月来，奋进号航行经过了新西兰和澳大利亚海岸，但是他们并没有找到那块未知的大陆。

1771 年，库克船长回到英国。但很快，他开始了第二次航行。他一直航行到印度洋的南部，在那里可以远远地看到南极洲，那是一块位处地球最南端的冰冻大陆。

遭到杀害

库克船长于 1776 年开始的第三次世界航行并没有收获一个很好的结局。他乘坐决心号帆船再次航行到澳大利亚和新西兰。但随后他一路向北，进入太平洋。1778 年，他抵达了夏威夷岛——太平洋中一个较大的岛。

夏威夷以前从来没有白人，也从来没有这么大的帆船。夏威夷人起初非常友好，但在某一天，决心号的一艘小艇被偷了。库克船长非常生气，抓获了夏威夷人的酋长卡拉尼奥普乌。这起事件的结果非常糟糕，夏威夷岛民们想要解救卡拉尼奥普乌，他们用石头和长矛杀死了库克船长。

那么地球到太阳的距离呢？库克船长推算的结果是 1.508 亿千米。这个结果是比较准确的，地球到太阳的实际距离约为 1.496 亿千米。

一分钟知识

1642 年，荷兰探险家阿贝尔·塔斯曼发现了新西兰。塔斯曼还在澳大利亚南部发现了一个很大的岛。时至今日，这个岛仍然被冠以塔斯曼的名字，人们称它为塔斯马尼亚。

前往月球背面

这将是我们乘坐宇宙旅行器所经历的最短行程，只需要飞行大约 40 万千米。然而，我们要去一个你从地球上永远看不到的地方：月球的背面。

月球是一个球体，就像地球一样。它绕着地球运行——绕行的周期不到四个星期。但在地球上，我们总是只能看到月球的同一侧。我们称能看到的那一侧为月球正面，而我们永远看不到的一面叫作背面。

为什么我们永远看不到月球的背面？那是因为月球总是以相同的方向面向地球。这就像你一直看着一尊雕像，然后绕着雕像转了一圈。从雕像的角度来看的话，它永远看不到你的后脑勺。

月球的暗面

有时月球的背面也被称为月球的暗面，但这没有任何道理，因为太阳也经常照在月球背面。所以月球就像地球一样，有时是白天，有时是黑夜。

我们第一次看到月球背面是在 1959 年 10 月 7 日。一艘苏联宇宙飞船第一次飞越月球进入太空。当它经过月球时，拍了一张月球背面的照片。

短途旅行

在所有天体中，月球离地球最近，距离不到 40 万千米。我们的旅行器移动得很快，因此我们只用了不到 30 秒就抵达了目的地。

在旅途中，我们首先看到了月球的正面。上面有很多大块的黑斑，还有小陨石坑。这些黑斑是大熔岩平原。但是熔岩很久以前就冷却凝固了，现在变成了坚硬的岩石。

着陆

当我们绕着月球飞行时，月球背面就会映入眼帘。月球背面看起来与正面有点不一样，陨石坑很多，但几乎没有熔岩平原。显然，很久以前，月球背面的火山活动比正面要少得多。

舰长正在寻找降落的地方。过了一会儿，我们出舱开始行走在月球背面。马上，你就会发现一件事情：从这里看不到地球，天空中只有星星可见。

独自一人

因为月球的遮挡，所以在月球背面无法通过无线电与地球联系。因此，如果现在出现问题，我们将会无法寻求帮助。这里真的只有我们在，这有些令人兴奋。

远处有一个中国的月球探测器，它叫嫦娥四号，是以中国神话中居住在月亮上的人物的名字命名的。嫦娥四号于 2019 年 1 月 3 日在月球背面完成了软着陆，这是前所未有的。嫦娥四号将会继续在这里工作，而我们要马上返回地球了。赶快回去吧！

一分钟知识

木星这颗巨行星有四颗大的卫星。它们也始终以同一侧面向木星，就像我们的月球一样。这个现象是行星的引力造成的。

前往土星环诞生之时

由于有漂亮的土星环，土星可以说是最美丽的行星。土星环是一个围绕着土星的扁平圆盘，它不与任何东西连接在一起，而是一直飘浮在太空中。土星环是一个美丽的景观。

1610 年，伽利略发现土星上正在发生一些疯狂的事情。伽利略是意大利的天文学家。他是最早用望远镜观测星空的人之一，但他的望远镜看不到土星环。

荷兰人的发现

直到 1656 年前后，克里斯蒂安·惠更斯才发现土星周围有一个环。当时克里斯蒂安 27 岁，住在荷兰海牙。他和他的兄弟康斯坦丁一起建造了当时世界上最好的望远镜，土星环因此成为荷兰人的发现。

如果你仔细观察土星环，你会发现它实际上由很多更狭窄的环组成。每个环都是由小块岩石和冰块组成的，一共有几十亿块。它们都围绕着土星旋转，就像一些小的卫星一样，而麦克斯韦从理论上论证了土星环是小卫星构成的物质系统。

一亿岁的土星环

天文学家发现土星并不是一开始就有环，这些环是在大约一亿年前出现的。在那之前，土星只是一个行星球体，就像木星一样。但是这些环是从哪里来的呢？

前往土星环

为了找出答案，我们乘坐时间旅行器回到一亿年前。当然，我们不会停留在地球上，我

们通过时间旅行器来到土星，看看它在一亿年前的样子。

碰撞

看，这颗行星飘浮着。它和我们之前见到的土星比没那么漂亮，我们也没法看到任何土星环。有许多卫星围绕土星运行。有些卫星很大，例如土卫六（泰坦）和土卫八，但也有很多小卫星。事实上，这些小卫星只是直径为几十千米大小的冰球。

但是要注意了：远处有一颗彗星正在靠近。这也是一个大冰块。它笔直地飞向土星的一颗小卫星。两个天体碰撞在一起，发出一声巨响。它们完全粉碎成了小块，然后飞向四面八方，大多数碎片将继续围绕土星运行。最后，它们都以同一个方向绕着土星移动，整齐地分布在一个平面上。从很远处来看的话，你会看不到单独的小碎片，土星似乎被一个扁平的、旋转的环所包围。

正在消失的土星环

土星环刚形成的时候，比现在还要显眼。数千万年来，碎片一直相互碰撞，所以它们变得越来越小。那些微小的尘埃缓慢但稳定地落向土星。

如果我们乘坐时间旅行器来到未来一亿年之后，可能会发现土星环完全消失了。但也许在太阳系的其他地方会发生另一次重大碰撞，谁也不知道那时候哪颗行星将同样拥有一个这么漂亮的环！

一分钟知识

木星、天王星和海王星这些较大的行星也有环，只是远不如土星环那么显眼。它们的环是狭窄的暗环，即使用大型望远镜也几乎无法从地球上观测到它们。

前往猎户星云

今天我们要去产房，探望刚出生的婴儿……实际上那里有很多刚出生的婴儿。我们要探望的不是人类婴儿，而是"恒星婴儿"——那些处于生命周期起步阶段的恒星。

当然，恒星并不是像人类或动物一样真正有生命，只是天文学家经常这样形容它。他们谈论一颗恒星的诞生，它的生命周期，以及它的死亡，就像谈论人的生命一样。人的生命周期与恒星的生命周期之间有一个很大的区别：恒星可以活上数百万甚至数十亿年！

中年恒星

我们的太阳是一颗中年恒星，它已有近 46 亿年的历史，但至少还能再活 50 亿年。所以太阳大约已经度过了一半的生命，就像一个 40 岁的人一样。

其他恒星比太阳年轻得多。今天我们要乘坐太空巴士去探访有 30 万年"年纪"的恒星。对于恒星来说，这个年纪非常年轻。这些恒星是货真价实的恒星婴儿，它们才刚刚诞生不久。

猎户星云

我们在一个寒冷的冬夜出发。高高的天空上出现了猎户座。在这个星座中，你会看到一个模糊的小点。

这是一个星云——宇宙中的一团气体和尘埃颗粒。因为它位于猎户座，所以被称为猎户星云。它就是我们要去的地方。

猎户星云距离我们大约 1 500 光年，这意味着来自猎户星云的光需要 1 500 年才能到达地球。幸运的是，太空巴士的速度可以比光束的快得多。驾驶员全力加速，我们将会在半小时后到达目的地。

层层迷雾

在我们周围，可以看到薄薄的星云和一缕缕气体，我们就像是正在穿过某种宇宙迷雾。一些迷雾带点粉红色斑块，那是高温氢气的颜色。还有一些迷雾带有绿色调，那是因为它们含有氧气。

猎户星云很大，从一侧到另一侧有大约 16 光年的距离。数千颗年轻的恒星已经在星云的中心形成。其中一些恒星的质量是太阳的 20~30 倍。它们也比太阳热得多，并且发出更多的光。

在猎户星云的外围，你可以真正看到一颗恒星在诞生。它始于一团气体和尘埃颗粒，在自己的引力下收缩。气体聚集得越来越紧密，这就是为什么它越来越热。最后你将会看到一个炽热的氢气球体——一颗新的恒星。

行星

我们飞过一些新生的恒星，它们已经发出大量的光和热辐射。在恒星周围，你会看到一片片扁平呈盘状的气体和尘埃。

它们的温度要比恒星低得多。在这样的盘中，尘埃颗粒会逐渐聚集在一起。通过这样的过程，像地球这样的行星最终会出现。

未来还会有更多的恒星在猎户星云中诞生，星云被这些恒星的辐射吹得一干二净，最后剩下的将会是一个由数千颗新恒星组成的大家庭。

一分钟知识

像猎户星云这样有新恒星诞生的星云，被称为恒星形成区。有一些恒星形成区比猎户星云大10~20倍。你只能隐隐约约地看到它们，因为它们离得更远。

前往亚利桑那陨石坑

在美国亚利桑那州北部有一个大陨石坑。它长1千米以上，深170多米，是地球上保存最完好的陨石坑之一。

亚利桑那陨石坑与月球上的陨石坑非常相似。很久以前，大多数人认为这些坑都是火山口。因此，亚利桑那陨石坑也应该是一个火山口。直到大约50年前，人们才发现它是一个陨石坑。月球上的陨石坑也都是由大型陨石撞击形成的。

三刻钟的车程

亚利桑那陨石坑位于弗拉格斯塔夫市附近。从那里驱车到陨石坑仅需45分钟，你可以直接穿过荒芜的沙漠景观，在沙漠中几乎没有人居住。

过了一会儿，你可以看到远处的陨石坑。它有一个醒目的凸起边缘，从那里开始，你很快就能真正地看到陨石坑了。通过一条小路，你将到达游客中心的停车场，它是因为许多人想近距离观看陨石坑才专门建造的。游客中心有陨石展厅、电影院、咖啡馆和纪念品商店。

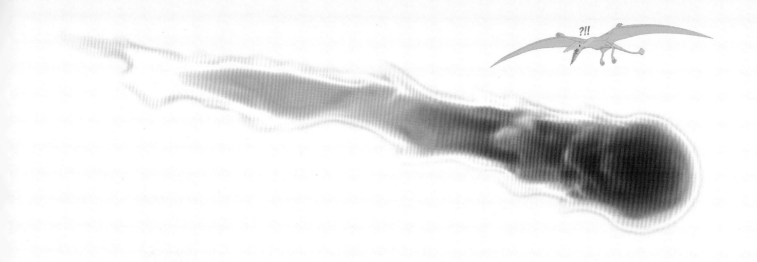

观景

从纪念品商店可以步行到陨石坑边缘。从那里你可以欣赏到陨石坑的美丽景色。它大到底部可以容纳 80 个足球场。如果将一座 180 多米高的高塔放在陨石坑的最深处，那么它的顶部只会刚好高过上方边缘。

你很难想象这个陨石坑是被来自宇宙的巨大冲击一下砸出来的。然而事实就是如此，这一灾难性事件发生在大约 5 万年前，那时没有人生活在美国。

爆炸

一块直径约 50 米的陨石高速飞过空中，然后重重地砸在了地上。这一击是如此沉重，仿佛一枚重磅炸弹爆炸了一般。这场爆炸导致了亚利桑那陨石坑的形成。

陨石在撞击过程中完全炸开了，附近到处都能发现小块陨石。你可以在纪念品商店购买到这些小块陨石，这是一个非常棒的旅行纪念品！

最漂亮的陨石坑

目前地球上已经发现了大约 300 个陨石坑。有的陨石坑只有几十米深，已经风化了。还有一些陨石坑太古老了，以至于你几乎认不出它们。但亚利桑那陨石坑还没有那么老，而且保存完好，可以说是最漂亮的陨石坑。宇宙中飘浮着很多大型陨石。有些时候，这样的炮弹一样的陨石会与地球相撞。而有时它们会在大气中爆炸，像这样的事情曾经发生在 2013 年俄罗斯城市车里雅宾斯克上空，那块陨石的直径有近 20 米。

亚利桑那州也有许多大型天文台。天文学家在那里用望远镜"扫描"天空，寻找可能撞击地球的巨大流星。这样，我们就有可能提前预测下一次陨石撞击，并且还有时间快速前往安全的地方！

前往木星

木星是太阳系中最大的行星。与木星相比，地球是一颗很小的行星。一颗木星中可以容纳1000个地球，这是一颗真正的巨行星。

但是木星有些奇怪。你不能像在地球或在火星上那样，在木星上行走，因为木星没有固体表面。事实上，木星几乎完全由气体组成。

木星也离太阳很远，比地球到太阳要远得多，大约有7.8亿千米，即使用宇宙旅行器几乎也要飞上一天才能到！所以记得提前下载一个好玩的电子游戏，或者带上一本好书来消磨时间。

小行星

首先我们飞过火星，火星还算是离我们比较近的。然后事情将会变得令人兴奋起来，因为要到达木星，我们必须飞过小行星带。这是太阳系中一个比较宽的地带，许多巨石飘浮在其中。

天文学家已经在这里发现了数十万颗小行星，但可能还有数百万个你在地球上看不到的小碎片。如果其中一个撞上我们的旅行器，我们就完蛋了！

幸运的是，旅行器的舰长密切关注着一切。过了一会儿，我们毫发无损地飞出了小行星带，在远处可以看到木星。

木星的云带

这颗行星不仅很大，而且自转速度也很快。地球每24小时自转一圈，但木星在10小时内就可以自转一圈！这种快速旋转将大气中的云层拉伸成细长而且清晰可见的条带。

除了云带外，木星上还有巨大的气旋。看，有一个旋涡刚刚出现，它缓慢而平稳地飘浮在我们面前。

这是一片巨大的风暴，面积甚至比地球还大！这个风暴颜色醒目：有时带点橙色，有时带点红色。它在几百年前被人们发现，天文学家称之为大红斑。

北极

现在旅行器飞越了木星的北极，这里的风也很大，风速达到每小时几百千米。木星的北极没有云带，但有很多气旋，它们位于木星北极周围的一个大环中。

然后舰长让旅行器的头部向下。我们下降到其中一个云带之中。我们的旅行器来回摇晃，木星风暴正在撞击它。外面变得越来越黑，因为这里几乎没有阳光。

在几千千米深的地方，木星的气体受到了巨大的压力，这使得它看起来更像是一种液体。这颗行星的内部是一个固态核心，我们无法继续深入进去。

卫星

我们再次上升，脱离大气层，进入太空。现在我们处于木星的夜半球，星星清晰可见。看，它们是木星的四颗大卫星。

明天我们将参观其中一颗卫星，现在，让我们先从这个激动人心的旅行日中抽身，好好休息一下！请你阅读第 50 页以获取更多信息。

一分钟知识

许多小行星以与天文学有关的人命名。例如，一颗小行星（编号 10986）被称为霍弗特，它就是以本书作者的名字命名的！

前往曾经潮湿的火星

今天我们将要旅行到另一个星球并回到过去。幸运的是，这一切都可以通过我们特殊的时光机——时间旅行器实现。

首先，我们前往火星。火星常常被称为红色星球，因为那里到处都是红色的沙子。火星是一个沙漠星球。它干透了，在上面连一滴水都找不到。而且它也很冷，那是因为火星离太阳比地球离太阳更远。火星上的温度通常在零下60摄氏度左右。

火星车

看，火星上有一个火星探测器，它由美国国家航天局（NASA）建造。这个探测器的名字叫作"Curiosity"，是"好奇"的意思。它于2012年登陆火星。多年来，它一直在研究火星上的沙子和岩石。

好奇号在一个大陨石坑中四处游荡，陨石坑的中心是一座高山。在火星上，无论你往哪里看，都是沙子和巨石。火星是一片寒冷干燥的岩漠。但很久以前，火星上的温度要高得多，那时火星上也有海洋，就像地球上一样。

数十亿年前

当你在火星上时，很难想象这个星球上曾经有过水。这就是为什么我们现在要与时间旅行器一起前往遥远的过去，去到将近40亿年前。既然我们即将前往的年代已经确定了，那就快按下红色按钮吧！

幸好我们的时间旅行器在陨石坑的高处。因为当我们回到过去的时候，陨石坑已经变成了一个大湖。这里几乎没有风，所以湖面很平滑。湖中央有个小岛，那是位于陨石坑中心的山顶。

在现在的火星表面，一切都与我们所了解的火星不同：大气层要厚得多，天空中飘着美丽的白云；温度也不再那么低了，大约 15 摄氏度。湖边有一个漂亮的沙滩。可惜，水有点冷，不能在里面游泳。

我们已经穿越了将近 40 亿年的时间，在那时太阳系中的行星只有几亿年的历史。在一开始的时候，火星看起来很像地球，也有海洋。也许生命过去也曾出现在火星上！

一分钟知识

还有两个火星探测器于 2020 年出发，于 2021 年抵达火星表面。其中：美国的火星探测任务为"Mars 2020"，发射的探测器名为"毅力号"；中国发射的火星探测器名为"天问一号"。

冷却下来

那么究竟是什么原因引起了这些变化？火星比地球更小，也比地球离太阳更远。因此，它比地球冷却得更快。此外，这颗行星的引力也较小。这样一来，它就不能很好地维持住自己的大气层。一部分水蒸发到太空中，而另一部分以冰的形式保存在地下深处。火星的南北两极也有大量的冰。

很久以前的火星很可能也有生命出现，比如说简单的火星细菌。但是当所有的水都消失后，这些生命可能就灭绝了。幸运的是，地球的情况变化要比火星更好！

前往 M13 星团

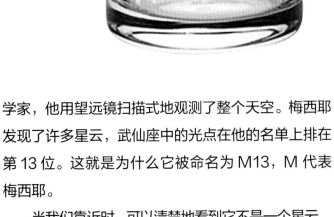

太空巴士准备出发，所有的行李都已经装好了，但是我们还不能进去。驾驶员首先想向我们展示要去哪里。

晚上的停车场里很暗。太空巴士的灯也熄灭了。在你的头顶上方，你可以看到数百颗星星——那些天空中的小光点。

这些星星其实就是一个又一个的太阳。但因为距离太远，它们看起来又小又暗。如果我们自己的太阳也在那么远的地方，那么它也会只是一个小光点。

光点

太空巴士的驾驶员指着武仙座，它的形状像喝柠檬水用的玻璃杯。你可以在"玻璃杯"的边缘看到一个小的圆形光点，它看起来像是一颗模糊的星星。"看，"驾驶员说，"那是 M13 星团，我们要去的地方。"当每个人都上车后，驾驶员向上推起仪表盘上的黄色控制杆。我们以惊人的速度，朝着星星的方向飞入太空。

夏尔·梅西耶

途中，驾驶员讲述了夏尔·梅西耶（又译为夏尔·梅西叶）的事迹。梅西耶是 18 世纪的法国天文学家，他用望远镜扫描式地观测了整个天空。梅西耶发现了许多星云，武仙座中的光点在他的名单上排在第 13 位。这就是为什么它被命名为 M13，M 代表梅西耶。

当我们靠近时，可以清楚地看到它不是一个星云，而是一个巨大的恒星集合，其中有几十万颗恒星紧密地聚集在一个大球形空间中。天文学家称之为球状星团。

球状星团中心的恒星彼此距离最近，而星团外部的恒星之间又相隔较远，看起来漂亮极了。

软着陆

太空巴士穿过这些恒星到达球状星团 M13 的中心，我们正在寻找一颗拥有行星的恒星。片刻之后，我们在这颗恒星上进行了软着陆。所有的灯都熄灭了，每个人都走到了外面。"再抬头看看。"驾驶员说。

数以万计的星星在天空中闪耀，比在地球上看到的还要多，而且也更亮。当然，这并不奇怪——这里的星星离我们更近了。有些星星是如此闪耀，几乎要灼伤我们的眼睛。其实周围也不是很黑，星星们提供了很亮的光线，我们可以清楚地看到一切。

微小的光点

等大家看完后，驾驶员又给了我们一个惊喜。他从太空巴士的后备箱里拿出一架望远镜，将望远镜对准一颗亮度非常微弱的恒星。这颗恒星的光太弱了，没有望远镜你甚至看不到它。那个微小的光点就是我们的太阳，它现在距离这里超过 20 000 光年。

回程时，每个人都坐在太空巴士的后窗前：星团 M13 在我们的视野里变得越来越小，过了一会儿，它又变回了一个小小的圆形光点。

一分钟知识

我们的银河系中有数百个球状星团，它们已经存在很久了，是在宇宙刚刚诞生的时候出现的。球状星团中的大多数恒星已经存在了至少 120 亿或 130 亿年！

与"伟大的威廉"一起前往本地治里市

想象一下，你已经旅行了 11 年，你所有的计划都失败了。当你回到家时，你的妻子已经嫁给了另一个男人，所有人都以为你死了。而这些都发生在法国天文学家纪尧姆·勒让蒂身上。

纪尧姆·勒让蒂这个名字的另一个意思是"伟大的威廉"。1760 年，35 岁的纪尧姆登上一艘前往印度的法国帆船。在印度，他想观测金星凌日。在金星凌日期间，金星会在太阳前移动（即在太阳和地球之间运行）。请你翻到第 32 页回顾一下。

绝不冒险

金星凌日发生在 1761 年 6 月 6 日。但纪尧姆怕中途出现意外，他于 1760 年 3 月就启程了——比预计日期要提早一年多。经过几个月的航行，这艘船抵达了印度洋的毛里求斯岛，这个岛当时由法国占领。

然后麻烦就开始出现了。这艘法国船不能继续航行了，它被英国船只拦住了。法国和英国已经交战了好几年，战争主要在海上进行。

法国殖民地

直到 1761 年 3 月，纪尧姆才得以继续他的旅程。由于强风干扰，他的船花了五周时间才抵达印度东海岸的本地治里市。那里是法国的殖民地。

不幸的是，本地治里不久前刚被英国人占领了。纪尧姆未被允许登陆。那就赶紧回到毛里求斯吧，他想。没准他可以及时赶到那里，看到金星凌日！

但是他并没有赶上：1761 年 6 月 6 日，他还处在大海中央。那天的天气非常好，天上没有一朵云。但是船摇晃得很厉害，他无法使用他的望远镜，因此他无法进行观测。

耐心

现在怎么办？回家？不，纪尧姆有一个不同的计划。金星的下一次凌日会发生在 1769 年 6 月 3 日，也许八年后他会有更好的运气。他一路航行到菲律宾——太平洋上的一大片群岛。在那里，1769 年的金星凌日将非常清晰可见。

倒霉的是，他在菲律宾首都马尼拉不受欢迎。之后他只能回到印度的本地治里市，这座城市现在又回到了法国人的手中。他于 1768 年 3 月到达那里，现在他只需要等待一年多的时间就能看到金星凌日。

多云

这次还会出现任何问题吗？是的，1769 年 6 月 3 日，就在金星凌日期间，本地治里市阴云密布了几小时，完全没有东西可以观测到。不久之后，纪尧姆得了一场重病。1770 年 3 月，他终于回到了法国。

由于暴风雨，首先他的船在法国留尼汪岛搁浅，随后他直到 1771 年 10 月才回到巴黎。那时他才发现，他在旅途中寄出的信一直没有到。包括他的妻子在内的每个人，都认为纪尧姆已经死了。与此同时，他的妻子嫁给了另一个男人。

"伟大的威廉"可能是天文学史上最倒霉的人！

一分钟知识

金星凌日非常罕见。最近一次金星凌日发生在 2012 年，在全球大部分地区都可以非常清楚地观测到。下一次金星凌日要到 2117 年才出现，需要经过将近 100 年的时间！

"太可惜了，'伟大的威廉'再也看不到这个现象了……"

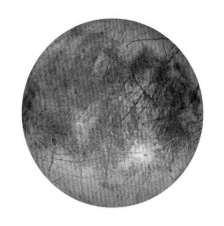

前往木卫二（欧罗巴）

宇宙旅行器仍在绕着巨大的木星运行。昨天我们仔细观察了这个星球，甚至飞入了木星的大气层。今天我们将参观其中一颗卫星。

地球只有一颗天然卫星，行星水星和金星都没有卫星，火星有两颗小卫星。但是，木星却有 92 颗卫星（注：截至 2023 年 2 月），而且新的卫星仍然不时地被发现。

四颗大卫星

木星的大部分卫星都很小，但也有四颗大的卫星围绕木星运行。它们是由意大利天文学家伽利略于 1610 年发现的。它们被称为木卫一（也称"艾奥"或"伊俄"）、木卫二（欧罗巴）、木卫三（也称"甘尼米得"或"盖尼米得"）和木卫四（卡利斯托）。木卫三是四颗中最大的一颗，比水星还要大！

宇宙旅行器首先飞过最里侧的大卫星木卫一。这是一个危险的世界，有熔岩湖和硫黄火山，在任何时刻都有可能出现火山喷发。舰长不敢在那里降落。

第二颗主要卫星是木卫二。它几乎和我们的月球一样大，但它看起来很不一样。我们的月球表面有岩石和尘埃，有许多陨石坑。但是木卫二的表面是冰冻的，是一个大冰盖，几乎没有陨石坑和山脉，冰面上有很多裂缝。

滑冰

舰长将宇宙旅行器停在一块平坦的冰上。我们不必担心冰面会裂开，木卫二的冰层至少有几百米厚。

幸运的是，宇宙旅行器上有特殊的太空溜冰鞋。我们可以把它穿在宇航服的鞋子下面。在这里滑冰很简单：就像在月球上一样，我们在木卫二的体重比在地球上要轻得多。

巨大的行星——木星高悬在空中，从这里可以清楚地看到木星的云带和龙卷风，这是一种美丽的景象。看，你还可以眺望到木星的其他大卫星。从这里看，它们就像很小的球体。

地下海洋

木卫二冰层的深处是水，很多很多水，它们的总量甚至超过地球上所有水的总和！木卫二有一个全部

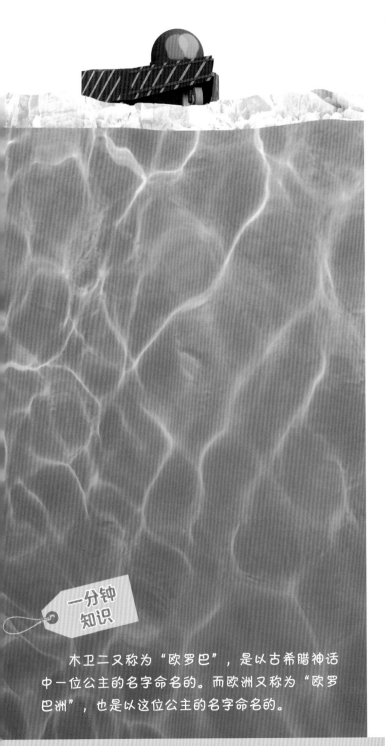

是岩石的内核。

　　木卫二围绕木星运行。像木星一样，它离太阳很远。这就是为什么这里特别冷。但是为什么木卫二的地下水没有像木卫二表面的水一样结冰呢？这是由于木星引力的存在，引力（在木卫二绕行的过程中向它传递能量）确保了木卫二内部一直保持温暖。

在这里生存？

　　如果钻穿冰盖，你最终会进入一个黑暗的地下海洋，阳光无法来到这里。然而，木卫二的海洋中可能有一些生物，在地球上也有像这样不需要光的生命形式。

　　木卫二海洋中的生命会是什么样子的？没人知道。你有什么想法吗？那就好好把它画出来吧！

一分钟知识

木卫二又称为"欧罗巴"，是以古希腊神话中一位公主的名字命名的。而欧洲又称为"欧罗巴洲"，也是以这位公主的名字命名的。

前往月球诞生之时

月球是夜空中最著名的天体。它也是离地球最近的天体，距离地球不到 40 万千米。月球大约每四个星期绕地球一周。

每个人都知道月球。但是没有人知道月球是怎么来的！天文学家确实有关于月球诞生的理论。他们认为很久以前有一颗小行星与地球相撞，那次碰撞的碎片聚集在一起形成了月球。

这听起来像是一个不可思议的故事。然而，事实可能就是这样的。50 多年前，阿波罗号的宇航员将月球上的岩石带回地球，而那些月球岩石看起来很像地球上的岩石，它们具有相同的成分。天文学家就是这样产生了行星碰撞说的想法。

45 亿年前

借助时间旅行器，我们可以看到月球的诞生。为

此，我们不得不回到 45 亿年前！幸运的是，使用我们华丽的时间旅行器可以很快地完成这一过程。我们会将旅行器送入太空，与地球保持安全距离，然后我们按下红色按钮。

有那么几分钟，你只能看到闪烁的灯光，然后你会听到警笛声。那之后，一切又平静了下来。我们现在来到了 45 亿年之前。你是不是好奇地球现在的样子？那就看看窗外吧。

面目全非

地球看起来和你熟悉的样子很不一样。地球是刚刚才出现的，数以百万计的大小碎片聚集在一起，形成了一颗行星。由于这些碰撞，地球目前温度仍然很高。它从四面八方冒出蒸汽。那些我们知道的大陆目前还无处可寻，它们在很久以后才会出现。

地球周围还有很多碎块飘浮着。有时，巨大的陨石会落在地球上。但是快看，远处有一个更大的天体正在靠近。可它不是什么陨石，而是一颗较小的行星！它与火星的大小差不多，直直地飞向了地球⋯⋯

巨大的碰撞

这是地球经历过的最严重的碰撞。两颗行星在巨大的爆炸声中发生撞击。地球的碎片向四面八方飞去。而那颗较小的行星甚至彻底炸开了。

由于碰撞产生的巨大热量，碎片完全被熔化了。实际上，它们更像是大块的液态熔岩。但是太空中非常寒冷，没过多久，所有的熔岩都再次凝固了。

欢迎你，月球！

现在地球周围飘浮着数十亿块大大小小的巨石，整体看起来有点像美丽的土星环（请你翻到第 36~37 页回顾一下）。当这些巨石相互交错，它们再次碰撞，并开始聚集在一起。月球就是这样诞生的。没有人真正确切地知道这是否就是当时的情况。但如果这个故事是真的，那么月球上应该有很多地球的碎片！

一分钟知识

当月球刚刚形成时，它的位置比现在更接近地球。数十亿年来，地球和月球之间的距离越来越远。月球现在仍在缓慢地远离地球，速度是每年 0.04 米左右！

前往中子星

今天我们将乘坐太空巴士探访一具遗体。它不是死去的男人或女人，而是死去的恒星———一具恒星的遗体。顺便说一句，这颗星并没有完全死去。用特殊的望远镜你可以看到它仍在星空中闪烁。

恒星是从大片的气体和尘埃云中诞生的。它们可以活跃数百万到数十亿年。但总有一天，恒星会停止发光，然后走到生命的尽头。

宇宙中最重的恒星在生命的尽头会爆发，这种爆发被称为超新星爆发（请你翻到第21页）。在那之后，这颗恒星产生的几乎全部气体都被吹入太空。然而有些物质却保留了下来，形成一颗旋转得非常快的小星星———中子星。

X 射线

在我们去旅行之前，太空巴士的驾驶员给了我们一件宇航服。中子星会发射大量危险的 X 射线，宇航服可以保护我们免受伤害。

银河系中有数千颗中子星。我们选择了一颗不太远的，乘坐太空巴士到那里需要一个半小时。我们只有快到达的时候才能看到它。它非常小：直径只有20多千米。然而它有很大的重力，个头如此小的它，

质量是地球的 1.5 倍！

茶匙

这么小的星星怎么会这么重？这是因为它完全由中子组成，中子是原子核中的微小粒子。在中子星中，这些粒子非常紧密地堆积在一起。一茶匙的中子星质量达 1000 亿千克！

你现在还可以清楚地看到中子星正在以闪电般的速度旋转，每秒都会旋转很多圈，像自行车的车轮转起来一样快。对于一个 20 多千米大小的沉重球体来说，这确实是非常快的。

一些中子星每秒自转数百圈，像电动搅拌棒一样快！

脉冲星

天文学家是这样发现中子星的。他们在星空中观测到了闪烁的物体，但不是通过普通的望远镜，而是通过射电望远镜。每隔一段时间，他们就能在无线电波段看到一个时长很短的脉冲，这就是这些闪烁的天体被称为"脉冲星"的原因。

你是不是已经被那些闪光弄得头晕目眩？我们该回家了，真庆幸我们的太阳是一颗非常普通的恒星！

灯塔

中子星有很强的磁场。我们越靠近，就越容易感觉到它。任何由金属制成的东西都会被它吸引。太空巴士的驾驶员必须努力加速，以免撞到中子星。

中子星也有两个磁极，它们处在彼此相对的位置。磁极就像聚光灯一样不断发射光束和无线电辐射。由于中子星旋转得极其快，这些光束就像灯塔的光束一样扫过太空。

现在，我们乘坐的太空巴士正好飞到光束会经过的轨道上。每次光束扫过时，我们都会看到短暂的闪光，闪光每秒会发生几次，因此中子星看起来像一盏闪烁的灯。

与爱丁顿教授一起前往普林西比

你一定听说过爱因斯坦，他是历史上最著名的科学家之一。在 100 多年前的 1916 年，爱因斯坦发表了广义相对论。广义相对论是关于空间与时间、宇宙的历史，以及黑洞的理论。

但在 1916 年，爱因斯坦并没有今天这么出名。因为没有人确切地知道广义相对论是否真的正确。同时，1916 年也是第一次世界大战的中期，那时候大多数人脑子里都想着别的东西。

被偏转的光

阿瑟·爱丁顿（又译为阿瑟·埃丁顿）是爱因斯坦的忠实粉丝。爱丁顿是一位英国天文学教授，他想检验爱因斯坦的理论是否正确。1919 年，他前往了位于几内亚湾的非洲海岸小岛。

根据爱因斯坦的说法，来自遥远恒星的光在靠近太阳时会略微弯曲。爱丁顿教授想知道事实是否真的就是这样。这当然不容易，因为想要验证的话，你必须得观测那些似乎离太阳很近的恒星。

但爱丁顿对此有一个聪明的解决方案。在日全食期间，月球在太阳前面移动，然后遮盖住了太阳明亮的表面。日全食期间，你可以在变暗的天空背景中观测到其他恒星。

要亲眼观看日全食，你必须要去到其他地方才行。下一次日全食将于 2024 年 4 月 8 日在美洲上空发生（注：已如期在北美洲发生）。在 2026 年 8 月 12 日，西班牙北部也可以看到日全食。

日全食

天文学家预测 1919 年 5 月 29 日会发生日全食，而且据推测其持续时间足够人们拍很多照片。但只有一个问题：从爱丁顿所在的英格兰看不到日全食，他不得不长途跋涉到其他地方去看日全食。

爱丁顿教授安排了两批观测队，一批乘船驶往巴西，另一批乘船去了普林西比岛，爱丁顿本人就在后面那艘船上。

不走运

去巴西的天文学家很不幸。他们在丛林里观测，天气很热，蚊子把他们逼疯了。他们随身携带的大型望远镜无法正常工作，所以，他们不得不用小得多的望远镜进行观测，而这使得拍摄日全食期间太阳附近的恒星变得不可能。

爱丁顿和他的同事们也不走运。他们的望远镜和照相机运行状况良好。但在普林西比，5 月 29 日是阴天。在日全食进行中的最后一分钟，他们才拍到了几张好照片。

爱因斯坦是对的！

爱丁顿回到家后，对照片进行了非常细致的测算。1919 年 11 月 6 日，他在一次天文会议上宣布了结果：恒星发出的光确实因为太阳而稍微弯曲了，正如爱因斯坦所预言的那样。

几天后，这条消息登上了《纽约时报》的头版，当时它已经是美国最主流的报纸了。因此，很多人都可以读到"爱因斯坦的广义相对论是正确的"这个消息。

爱因斯坦一夜成名，几乎和电影明星一样出名。这些年来，几乎每个人都听说过爱因斯坦。这一切都归功于爱丁顿教授的这次观测！

前往土卫六（泰坦）

你也喜欢游泳吗？你可以在地球上游，因为地球上的水是液态的。水星和金星太热了，那里的水都蒸发了。而火星上太冷了，那里的水都结冰了。而且离太阳越远，气候就越冷。

然而，地球并不是太阳系中唯一可以游泳的地方。在土卫六上也可以游泳，它是土星最大的卫星。土卫六上有许多湖，但那些湖里的液体不是水，而是液态甲烷！

美丽的星球

乘坐宇宙旅行器，需要将近 24 小时的飞行时间才能到达土星。一路上，舰长为大家介绍了这个美丽的星球。土星和木星一样也是巨行星。土星比木星小一点，但它也几乎完全由气体构成。

与木星一样，土星也有很多卫星：117 颗（数据截至 2023 年 5 月）。其中大部分都很小，但土卫六作为卫星其实非常大。太阳系中的大多数卫星都比行星小得多，但土卫六却比水星大！

橙色的网球

当我们到达土星时，旅行器首先飞近土星环。土星环是一种美丽的景观，以至于每个人都想坐在窗边欣赏。

但随后舰长为前往土卫六设定了路线。土卫六有厚厚的大气层，就像地球和金星一样，从外面看没什么可看的。土卫六的大气层充满了肮脏的雾气，你很难看穿它。土卫六看起来有点像一个橙色的网球，要看到它的表面，我们必须穿过大气层。

陌生的世界

幸运的是，我们旅行器上的供暖系统运行良好。这里离太阳很远，外面的温度只有零下 180 摄氏度！过了一会儿，我们被厚厚的大气层包围了。再后来，我们穿过了大气层，我们可以透过窗户看到土卫六的表面。看，那是土卫六的湖泊。

土卫六有点像地球：都有大气层，都可能会下很大的"雨"（土卫六上下的是液态甲烷），在地表都有山脉和河谷，地面上也都散落着巨砾。

但它们之间也有很多不同之处：土卫六的大气对人类有毒；土卫六上下的雨不是液态水，而是下大量的液态甲烷；那些山和巨砾也不是由真的石头构成的，而是冰。

乘船游览

旅行器降落到其中一个湖泊上。它也可以像船一样航行。外面风大浪高，在云层之间，我们可以看到天空中的土星。我们从来没有在地球上进行过如此特别的乘船旅行！

令人遗憾的是，这里不允许游泳，因为那太危险了。当然，外面也太冷了。航行了一段时间后，每个人都开始晕船。

又到了该离开的时候了。再次返回地球的旅程同样需要将近 24 小时。幸好家里阳光明媚，明天我们就可以去游泳池了！

一分钟
知识

土卫六是荷兰天文学家克里斯蒂安·惠更斯于 1655 年发现的。1656 年前后，惠更斯还发现了土星环系统（请你翻到第 36~37 页回顾一下）。

前往太阳系诞生之时

太阳是一颗恒星，有八颗行星围绕太阳旋转：水星、金星、地球、火星、木星、土星、天王星和海王星。其中有些行星有卫星和环。此外还有许多围绕太阳运行的矮行星，以及小行星和彗星等小天体。所有这些天体——太阳和属于它的一切——共同构成了太阳系。

太阳系并非一直存在。太阳和行星大约在 46 亿年前形成。你可能还记得恐龙在 6 500 万年前就灭绝了。那已经是很久以前的事了，但是太阳系的诞生时间比这还早了很久很久。

缓慢的诞生

有了时间旅行器，我们可以回到太阳和行星诞生的时代。但是，这些天体的诞生当然不是一天之内发生的，太阳系的形成历时数百万年。通过一个窍门，我们可以看到这个过程以闪电般的速度发生。

首先，我们将时间旅行器的目的地设置为 46 亿年前，经历过多次时间旅行，你现在应该已经习惯了闪烁的灯光和鸣叫的警笛。当我们到达那个遥远的过去时，外面已经没什么可看的了。远处的其他恒星在闪烁，但在我们附近，只有一大片昏暗的冷气体云飘浮着。

加速的电影

但现在我们正在以一分钟 100 万年的速度快速推进。透过窗户，你现在可以看到太阳和行星正在加速诞生，这就像倍速播放电影。

看，昏暗的冷气体云因为重力开始收缩了。云中的所有气体和尘埃颗粒相互吸引。结果，这片云越来越小。

随着云变得越来越小，它的旋转速度也越来越快。由于旋转速度变快，过了一会儿它就变得像煎饼一样平了。

欢迎你，太阳

位于云中间的是大部分的气体和尘埃。在那里这些气体和尘埃形成了一个大的气体球，它变得越来越热。一段时间后，气体球的温度高到让它发光并（通过核聚变）自己产生了巨大的能量，太阳诞生了！

一个由气体和尘埃组成的扁平圆盘仍然围绕着太阳旋转。靠近太阳的气体粒子会被吹走，只剩下尘埃颗粒。它们聚集在一起，就像你床下的灰尘一样。尘

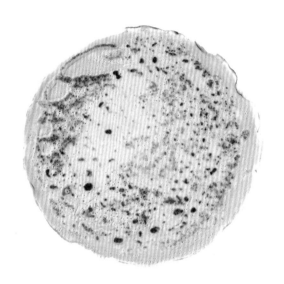

片，它们最终形成了小行星、矮行星和彗星。

通过使用时间旅行器的小窍门，太阳系在我们看来大约花了一个半小时就诞生了，但实际上它的诞生花了将近一亿年！

埃团越来越大，首先有鹅卵石大小，接着扩大到巨石大小，然后变成直径有几千米的巨大碎片。最终，一切都聚集成四颗行星：水星、金星、地球和火星。

巨行星

在远离太阳的地方，许多粒子聚集在了一起，但是位于这里的行星盘包含了不少气体。四颗巨行星木星、土星、天王星和海王星在这里形成，所以它们大部分由气体组成。太阳系诞生之初，留下了许多小碎

一分钟知识

在太阳系刚刚形成时，可能有很多行星。后来其中一些被太阳吞噬，还有一些行星被抛入了太空，现在还剩下八颗行星。

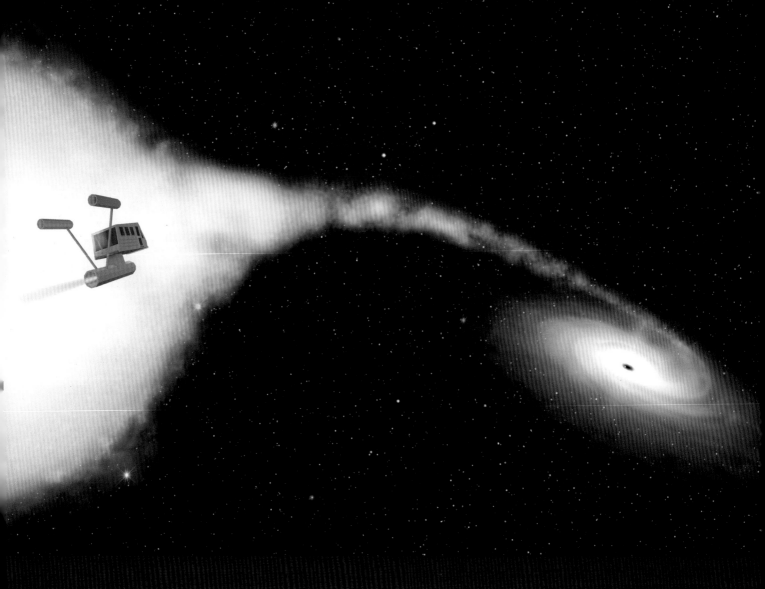

前往黑洞

这可能是你一生中最激动人心的旅程。今天我们要去参观一个黑洞。这听起来很危险，但你什么也不用担心。因为太空巴士的驾驶员确切地知道，他能去到的离黑洞最近的地方。

黑洞的引力非常大，大到它们能从周遭的环境中吸收一切，大到没有任何物质可以从中逃出！如果掉进了黑洞，你将会绝望地在里面迷失。

一片漆黑

黑洞这个名字并不是毫无根据的。由于其强大的引力，没有光可以从中逃逸。黑洞是真的漆黑一片，你无法看到它们。

我们的旅程是前往大约 7 000 光年外的一个黑洞，它被称为天鹅座 X-1。这是一个非常特殊的黑洞，因为它围绕着一颗炽热的巨型恒星运行，5 天半就转完了一周。由于黑洞的引力，恒星也会来回晃动。

随着太空巴士飞近天鹅座 X-1，这颗巨型恒星清晰可见。它将热气吹入太空，但热气并没有消失，相反，它受到了黑洞的吸引。

水槽的排水口

驾驶员把太空巴士开得离黑洞更近了一点。现在你可以看到来自恒星的气体并没有立即消失在黑洞中，它会绕着黑洞转一段时间。这有点像水从水槽的排水口流走的过程。

因为气体旋转得非常快，所以它会变得更热，热到它不仅会发出光，还会发出危险的 X 射线。幸运的是，太空巴士有一个很好的防护罩，可以阻挡所有的 X 射线。

吞噬一切

最终，恒星的气体被吸入了黑洞，消失在黑洞的"边界"后面，而且再也出不来了。你再也看不到被吞噬的气体，因为光线和 X 射线无法再离开黑洞。

实际上，天鹅座 X-1 绕恒星运行并不奇怪。很久以前，它们是一对双星：两颗恒星相互绕行。两颗恒星中质量较大的一颗在其生命的尽头发生了超新星爆发，只剩下又小又重的核心，坍缩成了一个黑洞。

哈哈镜

在我们回家之前，太空巴士驾驶员再次飞越黑洞。由于黑洞巨大的引力，我们的飞行路线发生了强烈偏转。但是我们与黑洞保持了安全距离，所以不会掉进去。

如果你飞过黑洞，就会看到一些奇怪的东西。视野中的星星都被扭曲了，你就像是在一种变形的镜子里看世界。这是黑洞的引力造成的——连光线也会被它弯曲。

一分钟知识

天鹅座 X-1 的质量超过了太阳质量的 20 倍，但体积却被极度压缩，难怪黑洞会有这么大的引力。

前往 ALMA

在我生活的荷兰，林堡省的瓦尔斯堡山曾经是最高的山峰，但它其实并没有多高——海拔只有 323 米。这真的只能算是一座小山。想要前往真正的山，你必须得长途旅行到别处去，比如说前往南美洲的智利北部。在那里海拔 5 000 米的地方建有一座大型天文台。

ALMA 天文台不是普通的天文台，它没有那种可以直接通过肉眼观测的望远镜。ALMA 天文台是一种射电天文台，带有大型碟形天线。

这些天线接收来自宇宙的信号，例如，来自遥远星系、寒冷宇宙尘埃云和新生恒星的辐射。

漫长的旅途

我们需要花一段时间才能到达那里。首先我们要飞到智利首都圣地亚哥，然后乘坐较小的飞机前往卡拉马。那是遥远北方的一个采矿小镇。从那里我们乘公共汽车到圣佩德罗－德阿塔卡马，大约有一小时的路程。

圣佩德罗－德阿塔卡马镇海拔 2 400 米，那里的空气已经很稀薄了，但我们必须去更高的地方。我们得先到 ALMA 天文台的大本营，海拔 2 900 米。天文学家在那里操控 ALMA 天文台的阵列。

一分钟知识

ALMA 其实是缩写，它的全称是阿塔卡马大型毫米波／亚毫米波阵（后面简称"ALMA 天文台"）。但"ALMA"也是西班牙语中"灵魂"的意思，这可真是一个天文台的好名字！

看医生

在大本营你必须得先去看 ALMA 天文台的医生。如果你血压太高，或者呼吸困难，那么你就不能继续前进了。因为在 5 000 米的高度，也就是阵列所在的地方，空气很稀薄，你有可能产生高原反应。

我们乘坐一辆特殊的车进入山区。你可以欣赏到周围的火山和盐滩的美丽景色，巨大的仙人掌生长在路边。在远处你可以看到骆马跳来跳去——那是一种类似于较小的羊驼的生物。

一个半小时后，我们到达了查赫南托尔高原。这里的空气太稀薄了，天空是深蓝色的。风很大，也很冷。高大的树木都不会在这里生长；周围到处都是沙子和石头，还有一些火山高耸的峰顶。

66 座卫星天线

但是这里更引人注目的是那 66 座卫星天线。它们的口径为 12 米，有些靠得很近，另外一些则离得更远一些。它们也可以通过巨大的运输车辆来进行移动。运输车长 30 米，有 28 个大轮子。

ALMA 天文台的 66 座卫星天线指向天空中的同一点，它们都接收着来自宇宙的无线电波。它们的所有观测数据都被汇集在一台大型计算机中。这样一来，ALMA 天文台就好像有一架直径 16 千米的巨大望远镜！

"不是 ALMA，是骆马（LAMA）！"

令人窒息

ALMA 天文台是地球上最大的天文台，把它设置在海拔 5 000 米处并非毫无根据。ALMA 天文台测量来自宇宙的一种特殊射电辐射，这种辐射会被地球大气层阻挡。在海平面（或在瓦尔斯堡山上）无法测量到这种辐射。但是在 5 000 米的高度，大气的阻挡几乎不成问题。

在下山之前，我们又好好看了看周围的环境。这是一个令人窒息的地方——这句话既可以理解为夸张的说法，也可以理解为字面意思！

前往天王星与海王星

在 250 年前，只有六颗行星是已知的：水星、金星、地球、火星、木星和土星，你可以用肉眼观测到所有这些行星。但是太阳系中的两颗外行星，天王星和海王星，你只能通过望远镜才能观测到。

天王星于 1781 年由英国天文学家威廉·赫歇尔（又译为威廉·赫舍尔）发现。通过自制的望远镜，他看到了一个微小的光点在恒星之间缓慢移动着——这是一颗新的行星！而海王星直到 1846 年才被德国柏林天文台的约翰·伽勒发现。

从地球上观测不到太多这两颗遥远行星的细节。我们所拥有的关于天王星和海王星的最佳照片是由美国的探测器旅行者 2 号拍摄的。它于 1986 年 1 月飞越天王星，并于 1989 年 8 月飞越海王星。

躺倒的星球

使用我们的宇宙旅行器，我们将在几天内到达天王星。它是一颗气态行星，就像木星和土星一样，只是天王星小了很多。而且有一件奇怪的事情：它是"躺着"公转的！其他行星或多或少是直立的，但天王星似乎是倒下的状态。

天王星有几个狭窄的黑色尘埃颗粒环，并且有不少于 27 颗卫星围绕它运行。大多数卫星都非常小，但也有 5 颗相当大的卫星。看，天王星的环和卫星也都在倾斜的轨道上旋转。没有人知道为什么天王星是"躺下"的，也许它在很久以前撞到了另一个星球。

风暴星球

海王星离太阳更远。它看起来很像天王星，但颜

色不同：它是深蓝色的，而不是海绿色的。在海王星的大气层中，偶尔也可以看到白云和巨大的黑暗龙卷风。

　　舰长将宇宙旅行器驶入了海王星的大气层。他不应该那样做的，海王星上风很大，风速有每小时2 000多千米！宇宙旅行器被吹得"晕头转向"。最后它勉强飞出了海王星大气层。

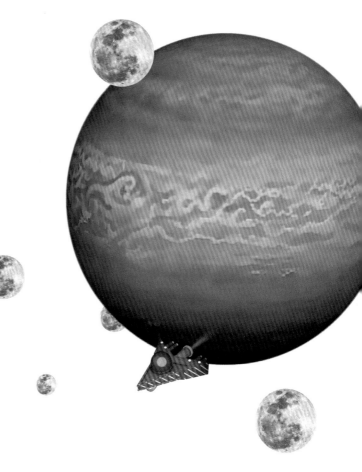

海卫一

　　海王星也有狭窄的暗环和许多小卫星。但这个星球也有一颗大卫星：海卫一。海卫一是一颗奇怪的卫星，它向着与海王星自转方向相反的方向旋转，就像在交通环岛搞错方向的驾驶员。

　　当宇宙旅行器飞越海卫一的表面时，我们看到了大片的冰和奇怪的液氮间歇泉。也许很久以前，海卫一是一颗围绕太阳运行的矮行星，海王星的引力将它并入了环绕轨道。

钻石

　　没有人知道天王星和海王星的内部是什么样子的，我们的宇宙旅行器无法到达那里。也许这两颗行星都有一个沉重的被压缩的冰核心。一些天文学家甚至认为里面有钻石。

　　海王星是太阳系中最外层的行星。距离太阳更远的地方，还有一颗冰冻的矮行星冥王星。我们将它留到接下来的旅程中。

一分钟知识

　　1690年，英国天文学家约翰·弗拉姆斯蒂德也曾观测到天王星。但弗拉姆斯蒂德并没有意识到它是一颗行星，他以为那只是一颗普通的恒星。

前往宇宙大爆炸时期

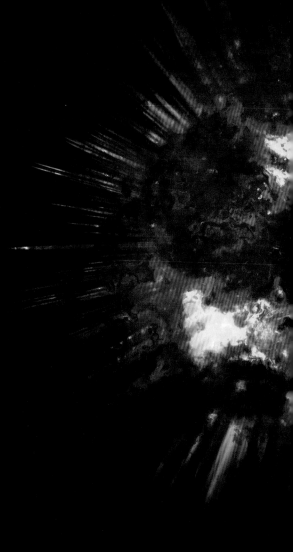

有些人对他们的家谱很好奇，想知道他们的祖先是谁。而生物学家想知道地球上的生命来自哪里，地质学家想要了解地球的起源。

按照这个顺序，你可以不停地提出下一个问题。最后，你将会遇到最大的问题：宇宙从何而来？

灼热的开端

许多人相信宇宙是上帝创造的，但没有人确切知道是否真的如此。天文学家也不知道，但他们确实发现宇宙在大约 140 亿年前是非常热的，当时宇宙中的一切都非常密集。这种初始状态被称为大爆炸。自大爆炸以来，宇宙膨胀了不少，并且一直保持膨胀状态。在膨胀过程中，物质聚集在一起形成了星系、恒星和行星。

时光倒流

有了我们的时间旅行器，我们可以回到数十亿年前。 在这段时间旅行中，你得一直朝外面看。你将看到一切都在倒退，宇宙变得越来越年轻。最后，我们到达了大爆炸的时代。

经过 10 亿年的时光倒流，一切并没有太大的变化。经过 50 亿年的旅行，我们来到了一个太阳和地球还不存在的时代，但已经有许多其他恒星和行星存在了。只有在时光倒流大约 100 亿年之后，一切才开始看起来有点不同。例如，你可以看到星系之间的距离比在我们的时代更近，那是因为宇宙在 100 亿年前还没有膨胀得那么大。所以那时发生了更多的星系碰撞，并且新生恒星的数量要比我们所处的时代更多。

最早的星系

经过 120 亿年的时光倒流后，我们几乎没有发现任何主要的现存星系存在的迹象。在你周围，你只能看到最多有几十万颗恒星的小型不规则星系。未来它们会相互碰撞，这就是银河系等大型星系的形成方式。

如果我们让时光倒流 135 亿年，那么我们会处于黑暗时期。宇宙中有气体云，但还没有诞生恒星。如果我们再倒退一段时间，那些气体就会非常密集而且非常热。

最终，时间旅行器的指针指向了 138 亿年前。透过时间旅行器的窗户，我们只能看到所有炽热气体发出的耀眼光芒。我们已经到达了大爆炸时期。

大爆炸之前是什么？

你可能想知道大爆炸之前是什么。但是，一些异常的事情发生了，无论你按时间旅行器上的红色按钮多少次，它都没有任何反应。我们不能继续让时光倒流了，因为在大爆炸之前没有时间！

所以没有人真正知道宇宙是如何形成的。我们也不确定我们的宇宙是不是唯一的，或许还存在无数其他的宇宙……

一分钟
知识

1932 年，比利时天文学家乔治·勒梅特（又译为乔治·勒迈特）首次提出了大爆炸的猜想（"原始原子"爆炸起源理论）。勒梅特不仅是一位天文学家，还是一位牧师。然而他不相信宇宙是上帝创造的。

前往银河系中心

　　我们已经乘坐太空巴士去过很多特别的地方：TRAPPIST-1 行星系统、猎户星云、球状星团 M13、中子星和天鹅座 X-1 黑洞。所有这些地方都位于我们的银河系。

　　银河系是一个巨大而扁平的恒星盘。没有人确切地知道其中到底有多少恒星，大概有 4 000 亿颗吧（也有科学家认为有 2 000 多亿颗）。其中一颗恒星就是我们的太阳，就是地球绕着转的那颗恒星。太阳大约在圆盘的中心和外边缘之间。

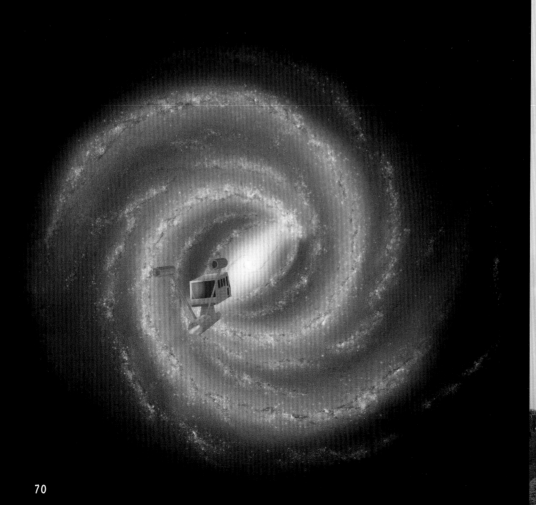

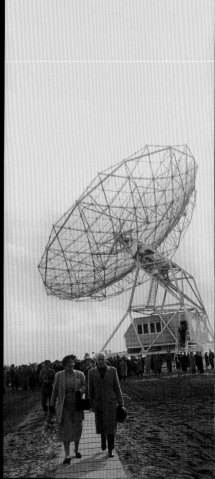

隐形核心

从地球上看不到银河系的中心。对于不甚了解天文的人来说，它距离我们非常遥远，大约在26 000光年开外。而在地球和银河系中心之间，也都是漆黑的尘埃云。

但是有了太空巴士，我们就可以去银河系中心一趟。我们的太空巴士先升起到一定高度，这样我们就可以从上面看到银河系的扁平圆盘。你现在可以清楚地看到银河系有着美丽的旋臂。

银河系也在旋转，只是外侧转得没那么快。比如说，太阳需要两亿年的时间来转完一圈。但是在银河系中心，恒星之间更加紧密的地方，一切都旋转得更快。

急转弯

驾驶员现在将太空巴士转向银河系中心方向。无论你向哪个方向看，都能看到成千上万的恒星在到处闪耀。而且我们越接近银河系中心，它们也就移动得越快。当心！其中甚至还有一颗恒星以接近每秒5 000千米的速度向我们飞来！

不过，那颗恒星突然改变方向，来了一个急转弯，然后又飞走了。它像是被扔在什么东西周围一样，有

点像彗星绕太阳运行。许多其他恒星也进行了类似的运动，显然在银河系中心有一个非常重的东西，它所具有的引力使恒星发生了大幅度偏转。但那会是什么呢？那儿可没什么能看到的东西。一个很重的、不发光的物体……你猜对了：它是一个黑洞！

超大质量黑洞

在银河系中心有一个巨大的黑洞，它的质量超过太阳的400万倍。看，那儿有一颗恒星离黑洞太近，被黑洞的引力完全撕裂开了。

太空巴士现在飞得离黑洞更近了。你可以清楚地看到炽热的恒星气体首先绕着黑洞运行，但最终都掉落了进去。那颗恒星刚刚被完完整整地吞噬了。

"喷泉"

来自恒星的少部分物质不会落入黑洞，而是被吹走。这个现象发生在两个方向：向上和向下。这就像是银河系的中心有两个喷泉，它们向不同的方向喷出。只是它们向空间中喷出的不是水，而是非常热的气体。

幸运的是，太空巴士没有被这些湍急气流击中。我们下次旅行仍然需要用到这辆巴士！

一分钟知识

荷兰的天文学家首次绘制了银河系的旋臂图。他们用位于德伦特省的德温厄洛射电望远镜做到了这一点。

与约翰一起前往哈勃空间望远镜

你可能听说过哈勃空间望远镜，它可能是最著名的望远镜了。它没有被搭建在地球上，而是飘浮在太空中。因此，这架望远镜可以不受大气影响，通过它所看到的一切都比地面上的望远镜看到的更清晰。

约翰·格伦斯菲尔德最了解哈勃空间望远镜。约翰是美国国家航天局的一名宇航员。1995 年 3 月至 2009 年 5 月期间，他进行了五次太空飞行，其中三次的飞行目标是修理哈勃空间望远镜。这架著名的望远镜现在还能拍到美丽的照片，在很大程度上要归功于约翰！

航天飞机

当然，约翰并没有与宇宙旅行器一起旅行，他甚至没有用到太空巴士。他乘坐的是真正的航天器：美国的航天飞机。航天飞机看起来就像是一架飞机，发射时，它像火箭一样直线上升。几天后，它像滑翔机一样降落回地球上。

航天飞机非常大。它一次最多可以容纳七个人，同时在它巨大的货舱中可以携带大型卫星或望远镜等，例如于 1990 年被送入轨道的哈勃空间望远镜。实际上，航天飞机像是一种"太空卡车"。

维修

约翰第一次到访哈勃空间望远镜是在 1999 年 12 月，第二次是在 2002 年 3 月，而第三次是在 2009 年 5 月。三次到访都是为了进行维修，以及更换损坏的零件。该望远镜还装上了新的太阳能电池板和新的相机。

像这样的维修航行是非常复杂的。首先，航天飞机将飞行至距望远镜几米的地方。接着它们一起以每秒 8 千米的速度在绕地球的轨道上飞行。然后望远镜会被一个大型机械臂抓住，并被直立放置在航天飞机的开放式货舱中。

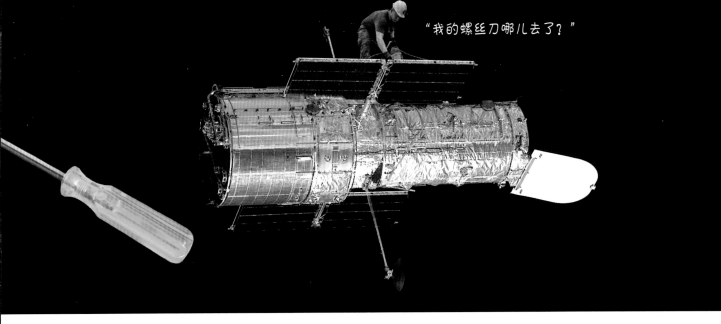

"我的螺丝刀哪儿去了？"

太空行走

接下来就轮到约翰和他的宇航员同伴出场了。他们穿上宇航服，通过一个特殊的气闸离开航天飞机。他们在失重状态下飘浮着，为了安全起见，他们通过一根坚固的缆绳与航天飞机相连接。这样的过程被称为太空行走。

然后，宇航员们要忙上几小时来进行所有维修和新仪器的安装。如果你处于失重状态并且穿着又大又笨重的宇航服的话，这样的工作并不容易！

约翰总共完成过八次太空行走，一共花了将近60小时在哈勃空间望远镜上。在那时，他总是能看到地球从他身下划过。每隔一个半小时，他就会环行通过美洲、欧洲、亚洲和太平洋。

哈勃拥抱者

因为花了很多时间在哈勃空间望远镜上，约翰有时被称为"哈勃拥抱者"。后来他还领导了美国国家航天局的科学部门。约翰确实称得上是最著名的航天飞机宇航员之一。

2011年，航天飞机进行了最后一次太空飞行。在那之后，哈勃空间望远镜再也没有接待过访客，因为只有航天飞机才能做到这一点。如果现在哈勃空间望远镜有东西坏了，就不能再进行修理了。

一分钟知识

哈勃空间望远镜以埃德温·哈勃的名字命名。他是美国著名的天文学家，于1929年发现宇宙膨胀。

前往冥王星

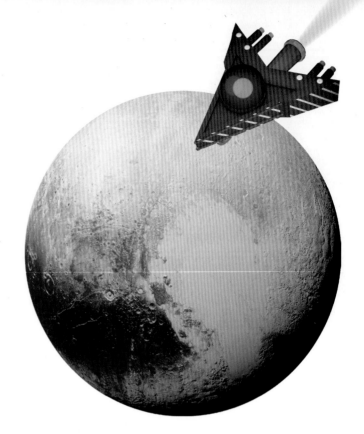

在太阳系的最边缘，飘浮着一个由冰和岩石组成的小球，它甚至比月球还小。这是矮行星冥王星。它是如此遥远，以至于你只能用大望远镜才能看到它，在望远镜的视野中它是一个微小的光点。

冥王星直到 1930 年才被发现。在以前的书籍中你仍然可以读到它是太阳系中的第九颗行星。但在 21 世纪初，越来越多遥远的矮行星被发现。因此，2006 年天文学界一致同意不再称冥王星为行星，而是称它为矮行星。

被拉伸的轨道

宇宙旅行器仍在海王星附近飞行，但即使从这里到冥王星也需要一天多的时间。这颗矮行星沿着倾斜、被拉伸的轨道围绕太阳运行。有时它离太阳有 45 亿千米，但有时会有 75 亿千米。

随着我们的旅行器距离冥王星越来越近，你可以看到冥王星有一颗大卫星。它的名字是冥卫一（卡戎）。冥卫一的大小大约是冥王星的一半，它也主要由冰组成。冥王星同时也有四颗小卫星。

氮冰川

舰长现在正在驾驶旅行器靠近冥王星上的一大片冰层，它呈一颗心的形状。再往前，你会看到崎岖的山脉和奇怪的沙丘。冥王星上的山不是由岩石构成的，而是由冰冻的水构成的；还有冰冻氮气形成的冰川，以及以甲烷为成分的"雪"组成的沙丘。

因为冥王星很小，所以它的引力也很小。旅行器降落在广阔的冰面上。所有人都可以外出，但必须携带氧气瓶并穿上特殊的衣服，否则无法在冥王星上呼吸，而且它的温度有零下 220 摄氏度！

卫星和太阳

冥卫一卡戎像一个大球一样悬挂在天空中，我们总是看到它的同一个部分。那是因为冥王星和冥卫一总是保持同一面相对。冥卫一在北极有一个红点，在赤道有一个巨大的冰峡谷。

你头顶的天空是黑暗的，可以看到成千上万的星星。其中有一颗星耀眼夺目，那是太阳。它是如此遥远，因而你没办法把它看成一个真正的球体，而只能看到一个非常明亮的光点。

冥王星当然是冬季运动爱好者的天堂。你可以在冥王星上坐雪橇，还可以滑冰、滑雪。而且因为冥王星上重力很小，你总是会非常轻柔地摔落，所以你不必担心会把胳膊或腿摔断！

一分钟知识

冥王星以罗马神话中的冥界之神命名。这个名字是 1930 年来自英格兰的 11 岁女孩维尼夏·伯尼提出的。

冰火山

当所有人都回到旅行器上后，舰长驾驶旅行器飞往冥王星上的另一个景点：一座火山。但这座火山不会喷出炽热的熔岩。相反，它偶尔会挤出冰块。这是一座冰火山。

冥王星的轨道之外还有数以千计的其他矮行星，大多数比冥王星小很多。我们不能将它们全部参观一遍。但在我们回家之前，我们确实得去看看另一个冻结的天体：彗星。

前往火星城

在这本书中，你已经经历了许多回到过去的旅程。通过时间旅行器，我们去看了恐龙的灭绝，看过了土星环是如何形成的，回到了火星上有海洋的时代，甚至还看到了宇宙大爆炸。

但我们的那台时间旅行器当然也可以去往未来，例如去到 2200 年。在那一年，人们不仅生活在地球上，还生活在月球和火星上。你是否也好奇生活在另一个世界是什么感觉？那就快点去乘坐时间旅行器吧！

到达火星

当闪光灯熄灭，警笛声响起时，我们看向了时间旅行器的窗外。我们身处一片红色的沙漠中，到处都是巨砾。在远处，你可以看到一些低矮的山丘，我们正在火星上。

在我们的时间旅行器的另一边是一个巨大的透明圆顶。在那个圆顶下，你可以看到整个城市。那就是火星城，有几千人住在那里。

要去往那里，我们首先必须穿上厚厚的宇航服，戴上头盔和氧气瓶。在火星上，温度处于零下 50 摄氏度左右，几乎没有空气可以呼吸。在圆顶的入口处，我们会穿过一个气闸。幸运的是，圆顶内部要温暖得多，而且有和地球上一样的空气。

3D 打印机

火星城的所有房屋都是在火星上建造的。它们用的不是砖块或混凝土，而是火星沙。首先，得把火星沙变得非常热，热到几乎熔化，然后放进 3D 打印机。房屋的所有墙壁和屋顶都是这样打印出来的。

除了住宅，火星城当然还有学校、办公室、工厂和商店。城里有美丽的公园，有一个大操场，还有种植水果和蔬菜的温室。圆顶内部的空气非常干净，所有能源都来自大型太阳能电池板。

眺望地球

圆顶外是火星城的太空港。每个月都会有一枚火箭从那里飞往地球，而且每个月都有一艘来自地球的宇宙飞船抵达火星。通过这种方式可以将额外的东西从地球带到火星，或者从火星去地球度假。

晚上，火星城的许多居民都来到了一个特殊的好地方，你可以看到太阳消失在远处的山丘后面。一小时后天黑了，可以看到星星了。看，在地平线上方的低处，你会看到一颗引人注目的蓝色星星，那就是地球。

尽情幻想

没有人确切知道 2200 年火星上是否真的有一座城市。时间旅行器并不存在，穿越到未来是不可能的。人类可能会更早地开始生活在火星上，也可能永远不会住在那里。当然你可以幻想一下，你想住在火星上吗？那时你住的火星城会是什么样子的？

一分钟知识

火星的质量比地球小，所以在它上面的物体受到的重力较小。因此，火星上的一切都比地球上的轻得多。但是你的肌肉在火星上仍然和在地球上一样强壮，所以你可以很轻松地靠自己在火星上举起冰箱！

前往仙女星系

在一个晴朗的秋夜，你可以在星空中看到一个微弱的小星云。那是仙女星系，它是一个星系，就像我们的银河系一样。

仙女星系因位于仙女座（Andromeda，安德洛墨达）而得名。安德洛墨达是古希腊神话中的一位公主，她不得不被献祭给可怕的海怪。幸运的是，她被勇敢的英雄珀尔修斯及时救了出来。

250 万光年

为了更好地观察仙女星系，我们乘坐太空巴士飞往那里。这是一次货真价实的飞行：银河系距离仙女星系 250 万光年。驾驶员将太空巴士的速度切换到了最高挡，这趟旅程只需花几小时。

在飞行过程中，你会看到仙女星系越来越大，它看起来非常像我们的银河系。它也是一个包含数千亿颗恒星的扁平旋转圆盘，气体和尘埃云也飘浮在恒星之间。仙女星系也有那些美丽的旋臂。

全方位观察

在地球上，我们是从侧面斜着看到的仙女星系。但是有了太空巴士，我们可以从各个方位观察这个系统。首先我们飞到它的上方，现在我们可以直接从上面看到这个星系。它是一个美丽的圆形螺旋，大部分恒星都在中心。

稍后，我们从正侧方观赏这个星系。现在你可以清楚地看到星系圆盘有多薄，就像从侧面看一个煎饼：你真的只能看到一条细线，而星系圆盘中的黑色尘埃云现在变得更加明显。

千亿星系

搭乘太空巴士，我们也会飞入仙女星系。就像在银河系中一样，你可以看到恒星、行星、星云和星团分布在你周围。而在仙女星系的中心，也有一个非常巨大的、沉重的黑洞。

仙女星系是离我们银河系最近的体形庞大的邻居，但是宇宙中还有更多这样的星系。没有人将它们

全部数过，但这样的星系至少有 1 000 亿个。其中有美丽的旋涡星系，也有近似蛋形的星系。要观测所有这些星系，你需要一架望远镜。宇宙中最遥远的星系只能用最大的望远镜才能看到。它们位于上百亿光年开外。

看到过去

所有的这些星系都有个特别之处，那就是你可以立即看到它们的过去。例如，仙女星系距离我们 250 万光年。这说明来自这个星系的光需要 250 万年才能到达地球，而现在我们在地球上看到的来自仙女星系的光，在 250 万年前就发出了。这也就意味着我们从地球上看到的仙女星系是 250 万年前的它。因此，我们回顾了 250 万年的时间。对于一些其他的星系，你有时甚至可以看到数亿年以前它们的样子。

太空巴士仍在仙女星系周围飞行。但是你看，天空中有一个小星云，距离我们 250 万光年。那是我们的银河系，还有太阳和地球。你准备回去了吗？

仙女星系和我们的银河系会感受到彼此的引力。它们相互吸引，在数十亿年后，它们将会相撞！

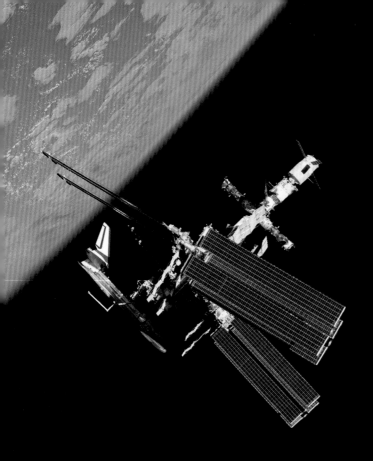

与安德烈一起前往国际空间站

在我的国家荷兰，最著名的宇航员是安德烈·凯珀斯。安德烈曾经两次通过国际空间站（International Space Station，ISS）进入太空。

安德烈第一次进入空间站是在 2004 年 4 月，他在空间站驻留了一个多星期。

他第二次进入空间站是在 2011 年和 2012 年之间，他的第二次太空旅行持续了更长的时间：超过了六个月。这段时间里，他一直在空间站生活和工作。

他与奥列格·科诺年科和唐纳德·佩蒂特一起进行了第二次旅行。奥列格是一名来自俄罗斯的宇航员，在俄罗斯，宇航员被称为"cosmonaut"。唐纳德是美国国家航天局的宇航员。

一分钟知识

国际空间站的绕地轨道距离地面超过 400 千米。有时在夜晚开始或结束时，它就像一颗非常明亮的"星星"在天空中移动。

测试

和其他宇航员一样，安德烈首先接受了各种各样的测试。只有当你非常健康的时候，你才能进入太空。你在太空中要做的每一件事，都必须先在地球上好好练习。安德烈还得学俄语，他已经会说英语了。

安德烈、奥列格和唐纳德乘坐俄罗斯联盟号飞船前往空间站。联盟号飞船的轨道舱是一个小球体，刚好可以容纳三个人。联盟号飞船是由联盟号火箭从位于哈萨克斯坦拜科努尔的发射场发射的。

模块

一天多后，联盟号飞船抵达空间站。空间站由几个相互连接的模块组成。每个模块大约有一辆小卡车那么大。空间站的外部是巨大的太阳电池板，它们的大小相当于一个足球场。

空间站上的生活并不容易。你会处于失重状态，所以会一直飘浮着。这种感觉很不错，但也会让你感到恶心，尤其是在你的太空飞行刚开始的时候。在空间站吃一个撒了巧克力碎的三明治是不可能的，因为巧克力碎会飘浮在四面八方。上厕所也很不方便：你必须得排泄在一个类似于吸尘器的装置里。

嗡嗡声

空间站从来都不会安静下来，无论白天还是黑夜，你都能听到各种设备的嗡嗡声。这里的气味闻起来也很奇怪。当然，你是绝对不能出去的。空间站里没有动物、植物和鲜花。而且为了保持肌肉健康，你每天都需要做很多运动。

尽管如此，安德烈还是喜欢待在太空中。空间站每一个半小时绕地球运行一圈，所以你可以看到太阳每一个半小时升起和落下一次。空间站有一个特殊的玻璃圆顶，在那里你能一直看到美丽的地球景色。偶尔空间站也会途经荷兰！

与地球通信

在空间站你也可以打电话给地球上的亲朋好友。安德烈经常跟他的妻子和孩子通话。有一次，他从太空打了个电话给本书的作者！

6月底，安德烈、奥列格和唐纳德被新的宇航员替换。坐在联盟号飞船的返回舱里，他们回到了地球。在巨大的降落伞辅助之下，返回舱着陆了。过了几个星期，安德烈才重新习惯了在地球上所受的重力。

前往罗塞塔彗星

我们和宇宙旅行器一起穿越了整个太阳系，从水星一路到冥王星。在这期间，我们还参观了月球的背面，以及木星和土星的卫星。

现在是飞回地球的时候了。但是我们宇宙旅行器的舰长在途中进行了一次额外的停留。停留的地点不是行星或卫星，而是一颗彗星。不久前，罗塞塔号探测器访问了这颗彗星。这就是为什么它经常被称为罗塞塔彗星。

"扫帚星"

彗星俗称"扫帚星"。非常偶然的情况下，你可以从地球上看到一颗彗星。它看起来像一颗模糊的恒星，有一条长长的光尾巴。以前没有人知道那是什么，彗星通常被认为是一个坏兆头。

今天我们知道彗星是由冰和尘埃颗粒等物质组成的小天体。就像行星一样，彗星也围绕着太阳公转，但不是在一个正圆形的轨道上。彗星的轨道是一个椭圆—— 一个被拉长了的圆。有时彗星离太阳很远，有时离太阳很近。

橡皮鸭

当彗星靠近太阳时，部分冰开始升华为气体。彗星在那之后会产生一种由气体和尘埃颗粒组成的大气层。这些物质会被太阳风吹散，从而形成了彗星的长尾巴。

宇宙旅行器距离罗塞塔彗星越来越近。它的直径只有 4 千米左右。你现在可以清楚地看到，它不是一个非常完美的球体。这颗彗星由两块看起来像粘在一起的碎片组成。它看起来有点像浴缸里的橡皮鸭：较大的部分像是躯干，较小的部分像是头部。

间歇泉

彗星仍然离太阳很远,比木星到太阳的距离更远。然而,太阳的热量已经对它产生了影响。彗星各处的冰都开始升华,在这些地方你可以看到气体和尘埃的"喷泉"。它们类似于冰岛的间歇泉,只是它们喷发的高度要高得多,因为彗星的引力很小。

舰长现在让宇宙旅行器接近彗星的表面。看,这是罗塞塔号探测器。当它在 2016 年完成探测任务之后,就以冲撞的形式降落到了彗星上。再远一点的是一个小型探测器,那是罗塞塔号探测器带来的菲莱号着陆器。菲莱号着陆器在 2014 年底就到达彗星了,当时它就像弹跳球一样降落在彗星上。

回家

每当罗塞塔彗星靠近太阳时,它就会失去一些冰和尘埃。到 10 000 年后,这颗彗星可能就什么都没有了,或者最多变成一堆松散的石头。

通过宇宙旅行器的后窗,你可以看到彗星在慢慢变小。几天后,我们终于回家了,回到我们的地球。

"某种意义上的弹跳球?"

一分钟知识

罗塞塔彗星的官方名称是丘留莫夫 - 格拉西缅科彗星。它是以 1969 年发现它的两位天文学家的名字命名的:克利姆·丘留莫夫和斯韦特兰娜·格拉西缅科。"罗塞塔彗星"这个名字更容易被记住!

前往遥远的未来

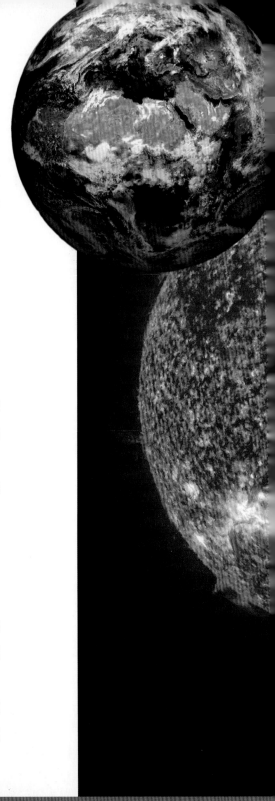

　　我们最后一次时间穿越旅程的目的地，是遥远的未来。幸运的是，在这趟旅程之后我们将回到我们自己的时代，因为遥远的未来看起来并不太好——我们将会看到太阳和地球的结局如何！

　　目前还没有任何问题，也没有什么可怕的事情发生。100 年后，太阳和地球仍然在那里。1 000 年后也是如此。即使过了 1 000 万年，也不会有什么问题。不，其实它在数亿年之内都不会出现任何差错。

10 亿年

　　这是我们最后一次登上时间旅行器。我们用大轮盘将时间定在未来 10 亿年。时间旅行器开始剧烈震动，警报声比以往都要响。所有的指针都在旋转，警示灯闪烁着七彩的颜色。

　　然后一切都将会安静下来。我们仍然在地球上，不过是在 10 亿年之后的地球上。外面很热——温度超过 100 摄氏度。土壤完全干涸，一滴水都不剩下了。

干燥的星球

　　如果你从窗户往上看，你会看到这一切发生的原因。太阳高高地挂在天空中，但它比你熟知的太阳更大更亮。这就是为什么地球上的温度如此之高。地球太热，以至于海洋中所有的水都蒸发了！

　　发生了什么事？是地球离太阳更近了吗？可能看起来是这样，但其实并不是的，有一些不一样的事情正在发生：太阳变大了。虽然这个过程很慢，但是可以确定的是太阳逐渐变得越来越大，越来越亮。

红巨星

我们将继续乘坐时间旅行器进行穿越时间的旅程，一直到50亿年之后的未来。

现在太阳变得极大，甚至吞噬了两颗内行星：水星和金星都消失了！太阳也不再是黄色的了，它现在发出红光。太阳变成了一颗红巨星。

地球还在那里，但它已经变成了一个被烧焦的星球。什么生命都没有了。但是现在太阳发生了一些特别的事情。它将越来越多的气体推入太空，这样就形成了一个美丽的圆形星云，太阳正好在星云中间。当太阳把大量的气体推入太空时，它又开始收缩了，最后只剩下一颗微弱的小星星——太阳由红巨星变成了一颗白矮星。

冰冻星球

那地球呢？地球仍然绕着太阳转。只是现在地球上变得很冷了，接近零下200摄氏度。这也不是很好。

这一切都发生在遥远的未来。我们是不会经历这个未来的。我们的孩子、孙子和曾孙辈也不会经历。所以你不必担心——50亿年是一段很长的时间。很高兴我们生活在现在这个时代！

一分钟
知识

当太阳变成一颗红巨星时，火星上的温度就会上升，也许那里会有生命存在！

前往另一个宇宙

　　在过去，人们认为地球是独一无二的。今天，我们知道地球只是围绕太阳运行的八颗行星之一。于是，每个人都认为太阳是独一无二的。但人们很快就发现，太阳只是银河系中 4 000 亿颗恒星中的一颗。

100 年前，许多人认为银河系是独一无二的。但事实并非如此：宇宙中至少有 1 000 亿个星系。那么宇宙本身呢？它会是独一无二的吗？还是说也会有很多不同的宇宙？没有人知道这个问题的答案，但这是可能的。也许宇宙的数量是无限的。其他宇宙与我们的宇宙也许只是略有不同。有了太空巴士，我们可以对这些不同的宇宙进行一次幻想之旅。

被压扁的宇宙

首先，我们要去参观一个引力比我们宇宙大的宇宙。在这个宇宙中有一颗类似于地球的行星，它的引力是如此之大，以至于你会被它完全压扁。只有在像冥王星这样的矮行星上，你才能生存。

由于引力如此之大，这个宇宙中诞生了许多大质量恒星，它们的寿命都很短。仅仅过了几千年，它们就燃烧殆尽，在爆炸中完成了超新星爆发。

奇怪的差异

在另一个宇宙中，每颗恒星都有几颗像地球一样的行星。所有这些行星上都充满了生命。但这些生命不是普通的植物、动物和人类。宇宙中的生命形式都是透明的，并且闻起来像花生酱。

我们要看的第三个宇宙与我们自己的宇宙非常相似。看，这是地球，这是荷兰，这是你住的地方。如果你仔细看，你会发现自己在四处走动。

然而，你们之间还是存在一些奇怪的区别。这个宇宙的你有一个大耳朵，在脸的中间，而脸的两边有两个鼻子。你刚刚通过了宇航员考试，在明天你将进行一次真正的太空旅行。

一切皆有可能

所以你看：如果有无限多个不同的宇宙，一切皆有可能。任何事情都可能发生在某个宇宙的某个地方。你最喜欢的宇宙是什么样子的？

太空巴士的驾驶员把最疯狂的宇宙留到了最后到达。这是一个时间倒流的宇宙，一切的发生顺序都是颠倒的。厨房地板上的碎片飞向厨房水槽，组合成一个柠檬水杯。树木变得越来越小，最后消失在土壤中。蝴蝶变成了毛毛虫。人们出生时和祖父母一样老，而死时像是婴儿。

反宇宙

这种宇宙中的一切都是颠倒的。这就是为什么它有时被称为反宇宙，或者镜像宇宙。一些天文学家认为这样的反宇宙可能确实存在。

在我们乘坐太空巴士进行了所有长途旅行之后，是时候好好回家待着了。回到我们的地球，回到我们的宇宙中。但是，你总是可以进行幻想！

一分钟知识

宇宙有时也被称为时空。如果存在许多个不同的宇宙，那么它们在一起将被称为多重宇宙。